高等院校软件应用系列教材

AutoCAD 实例与训练

主 编 陈 绚
副主编 江方记 尧 燕
主 审 王 萌

重庆大学出版社

内容提要

本书是作者在总结多年教学实践的基础上，专门为学习 AutoCAD 绘图软件而编写的实例和训练集。书中实例由浅入深、循序渐进地介绍了 AutoCAD 的操作方法和使用技巧。训练题范围涉及机械、建筑、电子等专业领域，并将最新制图标准贯彻于图形之中，可供读者自行练习和自我检测。书中还介绍了广东地区最新的绘图员考工试卷样题，可供读者参考使用。

全书共分 8 章，包括 AutoCAD 概述、AutoCAD 绘图基础、AutoCAD 三视图绘制、AutoCAD 平面几何图绘制、AutoCAD 零件图绘制、AutoCAD 建筑施工图绘制、AutoCAD 综合自测题、AutoCAD 轴测图绘制。

本书可作为高等院校 AutoCAD 课程教学教材，也可作为广大自学者及工程技术人员的参考用书。

图书在版编目（CIP）数据

AutoCAD 实例与训练/陈绚主编. --重庆：重庆大学出版社，2021.3（2024.1 重印）

高等院校软件应用系列教材

ISBN 978-7-5689-2610-2

Ⅰ.①A… Ⅱ.①陈… Ⅲ.①AutoCAD 软件—高等职业教育—教材 Ⅳ.①TP391.72

中国版本图书馆 CIP 数据核字（2021）第 050162 号

AutoCAD SHILI YU XUNLIAN

AutoCAD 实例与训练

主 编 陈 绚

副主编 江方记 尧 燕

主 审 王 萌

策划编辑：鲁 黎

责任编辑：文 鹏 版式设计：鲁 黎

责任校对：刘志刚 责任印制：张 策

*

重庆大学出版社出版发行

出版人：陈晓阳

社址：重庆市沙坪坝区大学城西路 21 号

邮编：401331

电话：（023）88617190 88617185（中小学）

传真：（023）88617186 88617166

网址：http://www.cqup.com.cn

邮箱：fxk@cqup.com.cn（营销中心）

全国新华书店经销

重庆华林天美印务有限公司印刷

*

开本：787mm×1092mm 印张：9.25 字数：234 千

2021 年 3 月第 1 版 2024年 1 月第 2 次印刷

印数：2 001—4 000

ISBN 978-7-5689-2610-2 定价：32.00 元

前言

AutoCAD 软件是美国 AutoDesk 公司开发的通用计算机辅助设计和绘图软件,在机械、建筑、电子等领域应用广泛。

本书根据软件学习的思维方式,以经典实例为基础,循序渐进地讲解了三视图绘制、平面几何图形绘制、机械工程图绘制、建筑施工图绘制以及轴测图绘制;在分模块讲解的过程中,先导入知识,再讲解实例操作过程,并配有大量训练题以备读者自行练习,实现教、学、做三合一。在学习本书后,读者即可掌握 AutoCAD 软件绘图的一般方法。

本书共有 8 章,主要内容如下:

第 1 章介绍了 AutoCAD 软件的界面和文件操作。

第 2 章以实例讲解了绘图基础知识,包括点坐标输入法和常用编辑命令。

第 3 章以实例讲解了三视图的绘制方法和过程。

第 4 章以实例讲解了平面几何图形的绘制方法和过程。

第 5 章以经典实例讲解了机械零件图的绘制方法和过程。

第 6 章以经典实例讲解了建筑施工图的绘制方法和过程。

第 7 章介绍了 AutoCAD 考工训练题。

第 8 章详细介绍了轴测图绘制的过程。

本书由陈绚担任主编,江方记、尧燕担任副主编,王萌担任主审。其中,陈绚编写第 3 章、第 4 章、第 5 章、第 6 章、第 7 章,江方记编写第 1 章和第 2 章,尧燕编写第 8 章。

由于编者水平有限,书中难免会存在一些不足之处,恳请读者批评指正。

编　者

2020 年 9 月

目录

第 1 章 AutoCAD 概述

AutoCAD 是由美国 Autodesk 公司开发的大型计算机辅助绘图软件,它是二维、三维绘图技术兼备并且具有网上设计的多功能 CAD 软件系统,广泛应用于机械工程、建筑工程、产品造型、服装设计、水电工程等许多领域。

1.1 AutoCAD 界面

启动 AutoCAD 后,工作主界面如图 1-1 所示。用户可以按照具体的绘图需求自行选择不同的工作空间。绘图界面可以按自己的意愿进行调整,工具栏也可按用户的绘图习惯重新配置。

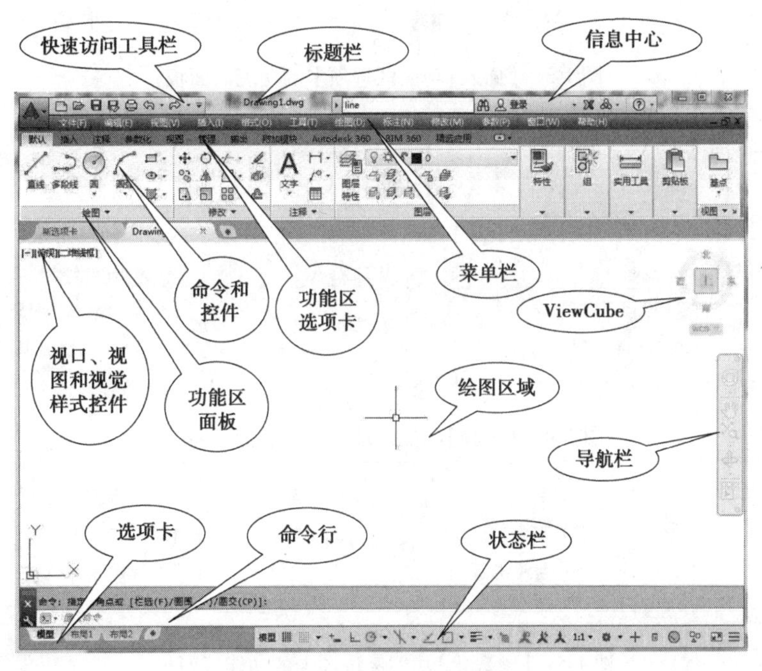

图 1-1 AutoCAD 工作主界面

1.1.1 AutoCAD 功能区面板

AutoCAD 工作空间是由分组组织的菜单、工具栏、选项板和功能区控制面板组成的集合，它可以使用户在专门的、面向任务的绘图环境中工作。用户使用不同的工作空间时，系统只会显示与任务相关的菜单、工具栏和功能区选项卡。以下着重介绍“草图与注释”工作空间中的功能区面板，如图 1-2 至图 1-12 所示。

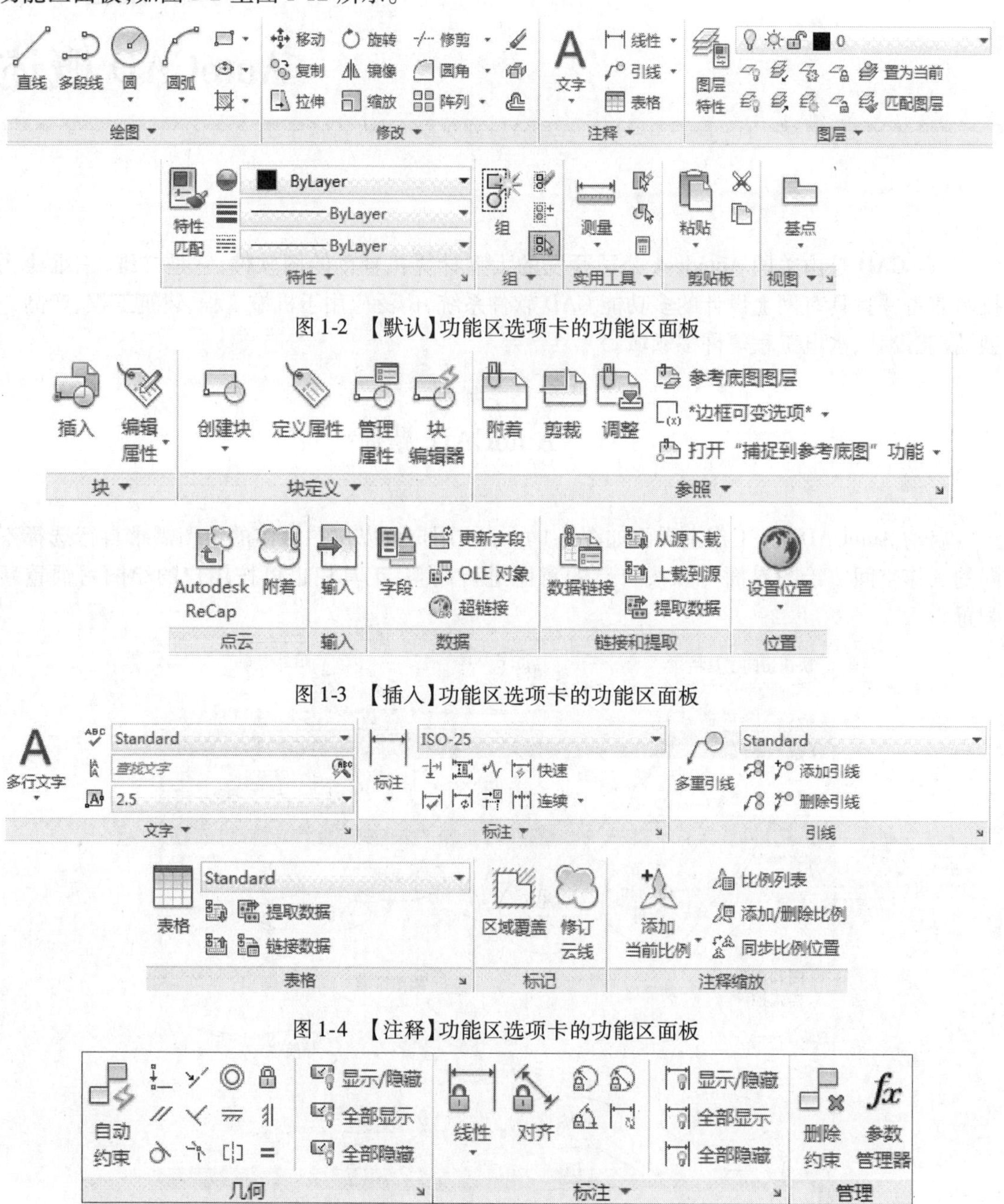

图 1-2 【默认】功能区选项卡的功能区面板

图 1-3 【插入】功能区选项卡的功能区面板

图 1-4 【注释】功能区选项卡的功能区面板

图 1-5 【参数化】功能区选项卡的功能区面板

图 1-6　【视图】功能区选项卡的功能区面板

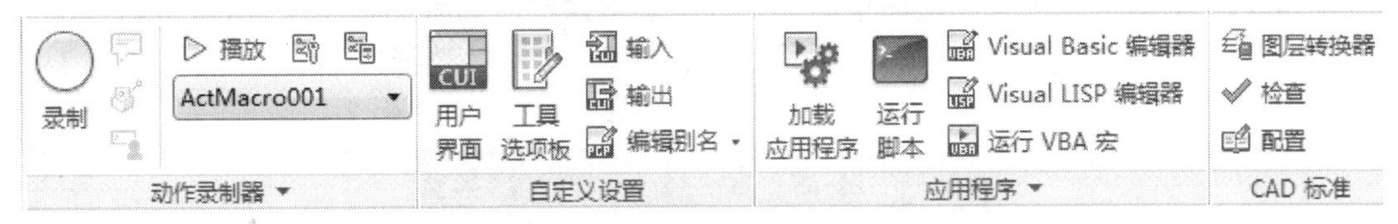

图 1-7　【管理】功能区选项卡的功能区面板

图 1-8　【输出】功能区选项卡的功能区面板

图 1-9　【附加模块】功能区选项卡的功能区面板

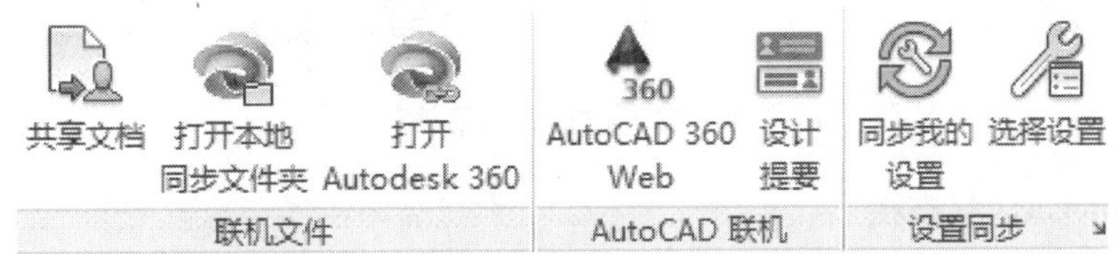

图 1-10　【Autodesk 360】功能区选项卡的功能区面板

图 1-11　【BIM 360】功能区选项卡的功能区面板

图 1-12　【精选应用】功能区选项卡的功能区面板

1.1.2 AutoCAD 菜单栏

用户可以显示菜单栏中的下拉菜单来作为功能区的替代或者与功能区面板同时显示。但是大多数用户会发现从菜单指定操作的速度比使用功能区、工具栏或命令行窗口的速度要慢。在“草图与注释”工作空间中,AutoCAD 经典的菜单栏在缺省状态下是隐藏的,一些用户在不熟悉功能区的时候可能更喜欢使用菜单栏来进行绘图操作。如果要显示菜单栏,可以在应用程序窗口的左上方,在快速访问工具栏的右端,单击下拉菜单并选择“显示菜单栏”,如图 1-13 所示。

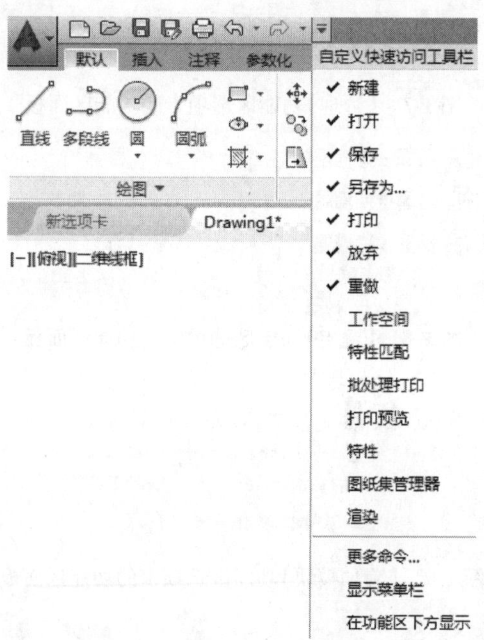

图 1-13 控制显示菜单栏

1.1.3 AutoCAD 状态栏

状态栏提供了对某些常用绘图工具的快速访问,例如可以通过状态栏设置图形栅格、捕捉模式、极轴追踪和对象捕捉等。可以通过单击某些工具的下拉箭头来访问它们的其他设置。默认情况下,AutoCAD 不会在状态栏显示所有的绘图工具,可以通过状态栏上最右侧的按钮,通过“自定义”选择要显示的绘图工具。状态栏上显示的工具可能会发生变化,具体取决于当前的工作空间以及当前显示的是“模型”选项卡还是“布局”选项卡。

（a）“绘图”菜单栏　　（b）“修改”菜单栏　　（c）“标注”菜单栏

图 1-14　常用的菜单栏

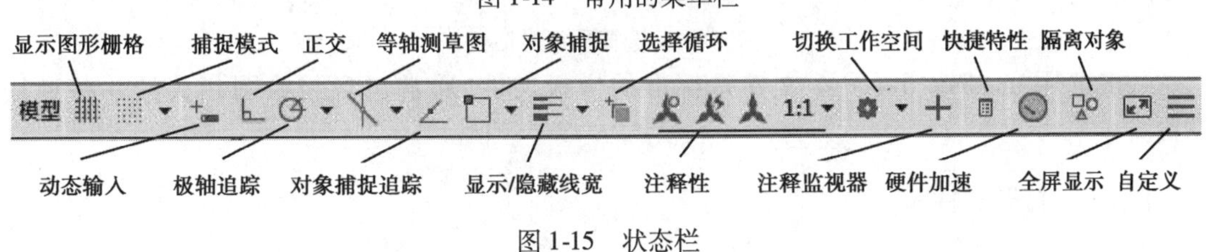

图 1-15　状态栏

1.2 AutoCAD 文件管理

AutoCAD 图形文件管理包括创建新的图形文件、打开已有的图形以及保存图形文件等操作。

1.2.1 创建文件

可通过以下三种方式打开选择样板对话框:

(1)下拉菜单:文件—新建;

(2)命令行:NEW;

(3)工具栏/快速访问工具栏:。

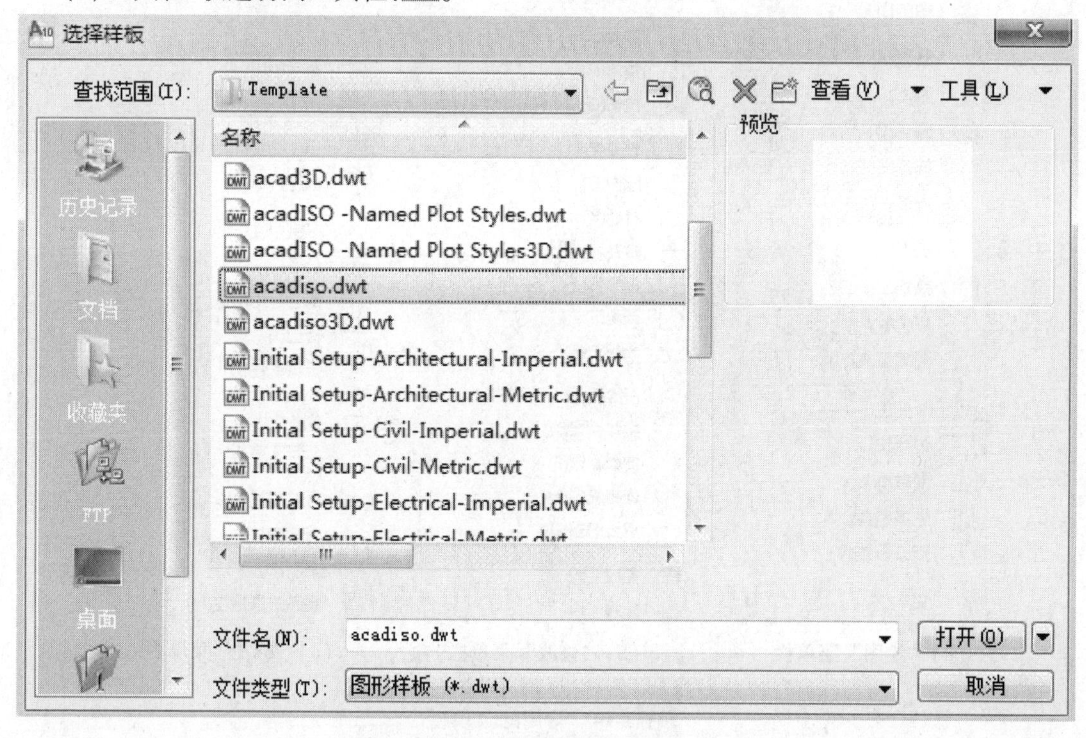

图 1-16 选择样板对话框

一般选用 acadiso. dwt,dwt 文件是标准的样板文件,通常包含与绘图相关的一些通用设置。

1.2.2 打开文件

可通过以下三种方式来打开文件:

(1)下拉菜单:文件—打开;

(2)命令行:OPEN;

(3)工具栏/快速访问工具栏:。

默认情况下,打开的图形文件的格式为 dwg 格式。

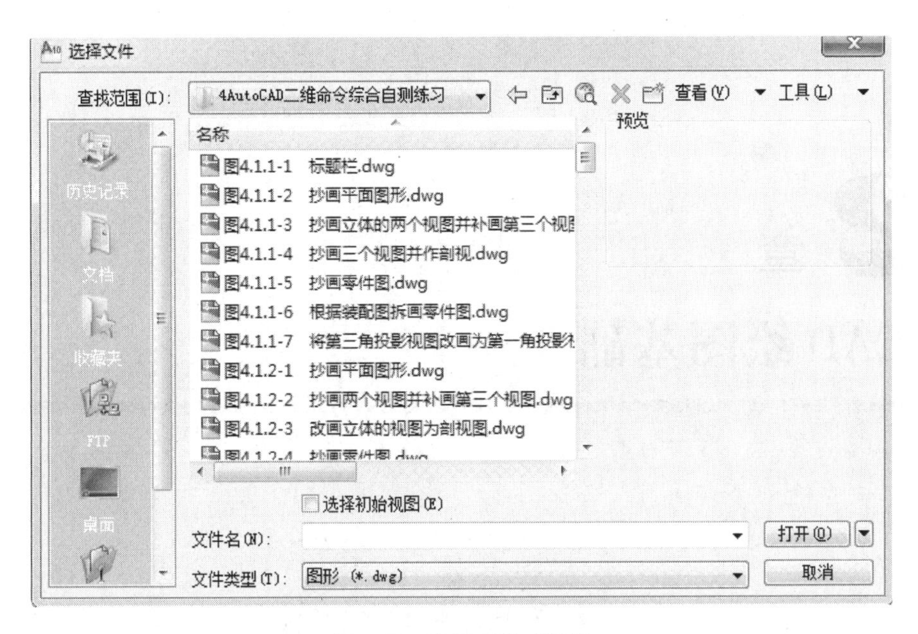

图 1-17　选择文件对话框

1.2.3　保存文件

可通过以下三种方式来保存文件：

(1)下拉菜单：文件—保存/另存为；

(2)命令行：SAVE；

(3)工具栏/快速访问工具栏：▣。

若对原文件进行保存，系统自动实现覆盖保存；若更改原文件名保存，需使用“另存为”命令保存，如图 1-18 所示。

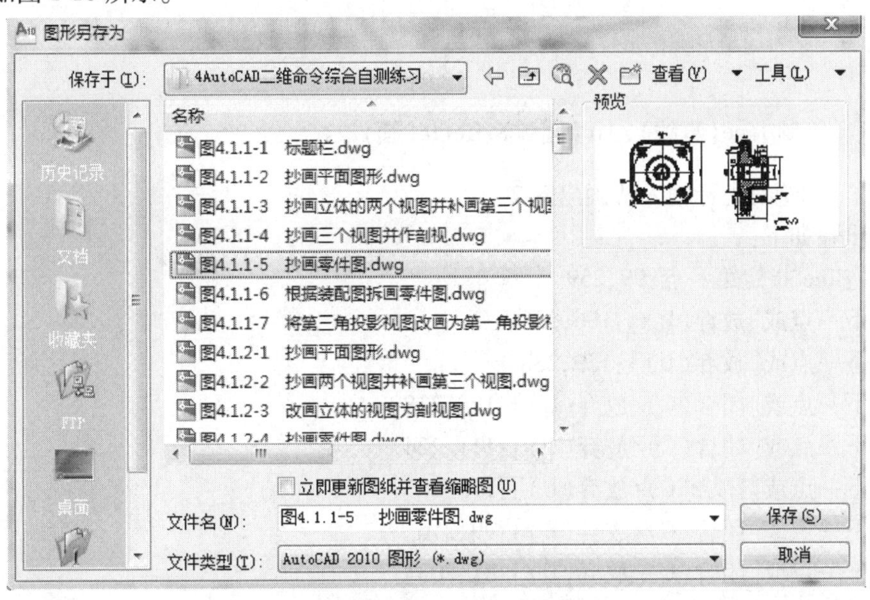

图 1-18　图形另存为对话框

第 2 章 AutoCAD 绘图基础

2.1 点坐标的输入方式

AutoCAD 绘图中，经常需要输入点的坐标。点的坐标输入可以用以下四种方式：

(1)绝对直角坐标方式：输入格式为“X,Y”(X,Y 值为当前坐标系原点坐标值)。

(2)相对直角坐标方式：输入格式为“@ $\Delta X,\Delta Y$”($\Delta X,\Delta Y$ 值为两点的坐标差值)。

(3)相对极坐标方式：输入格式为“@ $L<\theta$”。

(4)定向输入方式：在光标拉出一条“橡筋线”方向，输入距离值。

2.2 基本绘图命令

2.1.1 绘制 Line(直线)、Arc(圆弧)、Circle(圆)

题 2-1 用绝对坐标输入法画出图 2-1。

操作步骤如下：

命令:_line 指定第一点:99,259

指定下一点或[放弃(U)]:106,238

指定下一点或[放弃(U)]:129,238

指定下一点或[闭合(C)/放弃(U)]:129,238

指定下一点或[闭合(C)/放弃(U)]:111,224

指定下一点或[闭合(C)/放弃(U)]:118,203

指定下一点或[闭合(C)/放弃(U)]:99,216

指定下一点或[闭合(C)/放弃(U)]:81,203

指定下一点或[闭合(C)/放弃(U)]:88,224

指定下一点或[闭合(C)/放弃(U)]:70,238

指定下一点或[闭合(C)/放弃(U)]:92,238

指定下一点或[闭合(C)/放弃(U)]:99,259 或利用状态栏中“对象捕捉”模式捕捉到端点

指定下一点或[闭合(C)/放弃(U)]:回车

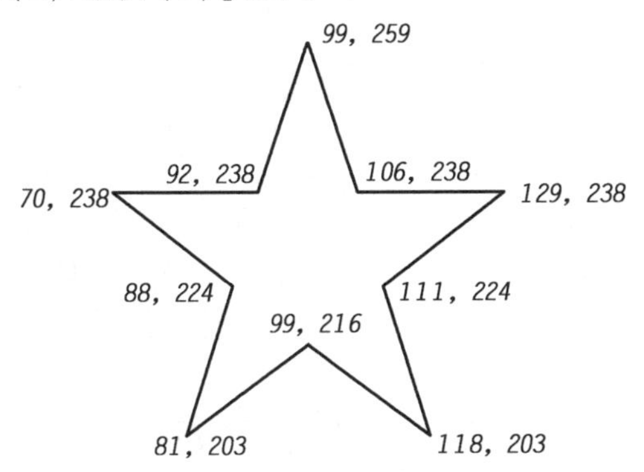

图 2-1　用绝对坐标输入法画图

题 2-2　用相对坐标输入法,按字母顺序画出图 2-2。

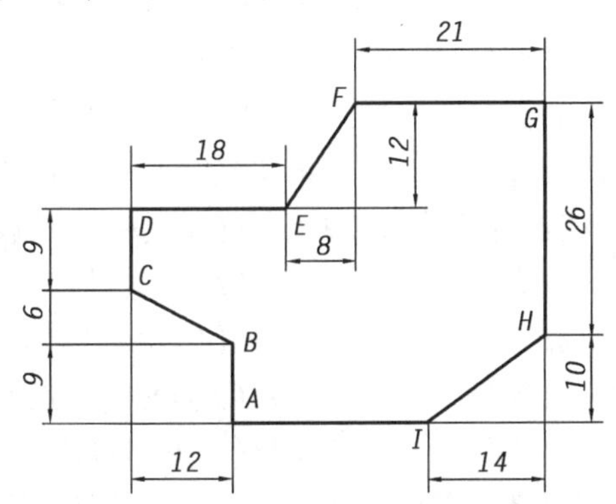

图 2-2　用相对坐标输入法画图

操作步骤如下:

命令:_line 指定第一点:单击任一点 *A*

指定下一点或[放弃(U)]:@0,12(*B* 点相对 *A* 点坐标增量)

指定下一点或[闭合(C)/放弃(U)]:@ -12,6(*C* 点相对 *B* 点坐标增量)

指定下一点或[闭合(C)/放弃(U)]:@0,9(*D* 点相对 *C* 点坐标增量)

指定下一点或[闭合(C)/放弃(U)]:@18,0(*E* 点相对 *D* 点坐标增量)

指定下一点或[闭合(C)/放弃(U)]:@8,12(*F* 点相对 *E* 点坐标增量)

指定下一点或[闭合(C)/放弃(U)]:@21,0(*G* 点相对 *F* 点坐标增量)

指定下一点或[闭合(C)/放弃(U)]:@0, -26(*H* 点相对 *G* 点坐标增量)

指定下一点或[闭合(C)/放弃(U)]:@ -14, -10(*I* 点相对 *H* 点坐标增量)

指定下一点或[闭合(C)/放弃(U)]:C 或利用状态栏中“对象捕捉”模式捕捉到端点 *A*

指定下一点或[闭合(C)/放弃(U)]:回车

题 2-3　用极坐标输入法画出图 2-3。

操作步骤如下:

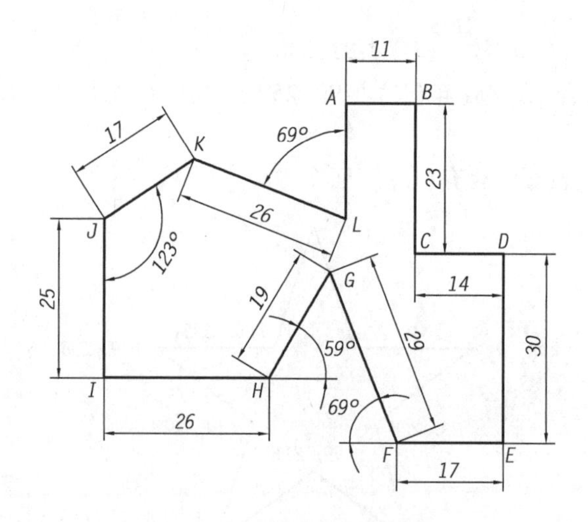

图 2-3　用极坐标输入法画图

命令:_line 指定第一点:单击任一点 *A*

指定下一点或[放弃(U)]:@ 11 <0(*B* 点相对 *A* 点的极坐标)

指定下一点或[闭合(C)/放弃(U)]:@ 23 < -90(*C* 点相对 *B* 点的极坐标)

指定下一点或[闭合(C)/放弃(U)]:@ 14 <0(*D* 点相对 *C* 点的极坐标)

指定下一点或[闭合(C)/放弃(U)]:@ 30 < -90(*E* 点相对 *D* 点的极坐标)

指定下一点或[闭合(C)/放弃(U)]:@ 17 <180(*F* 点相对 *E* 点的极坐标)

指定下一点或[闭合(C)/放弃(U)]:@ 29 <111(*G* 点相对 *F* 点的极坐标)

指定下一点或[闭合(C)/放弃(U)]:@ 19 < -121(*H* 点相对 *G* 点的极坐标)

指定下一点或[闭合(C)/放弃(U)]:@ 26 <180(*I* 点相对 *H* 点的极坐标)

指定下一点或[闭合(C)/放弃(U)]:@ 25 <90(*J* 点相对 *I* 点的极坐标)

指定下一点或[闭合(C)/放弃(U)]:@ 17 <33(*K* 点相对 *J* 点的极坐标)

指定下一点或[闭合(C)/放弃(U)]:@ 26 < -23(*L* 点相对 *K* 点的极坐标)

指定下一点或[闭合(C)/放弃(U)]:C 或利用状态栏中"对象捕捉"模式捕捉到端点 *A*

指定下一点或[闭合(C)/放弃(U)]:回车

题 2-4　按字母顺序,用定向输入法画出图 2-4。

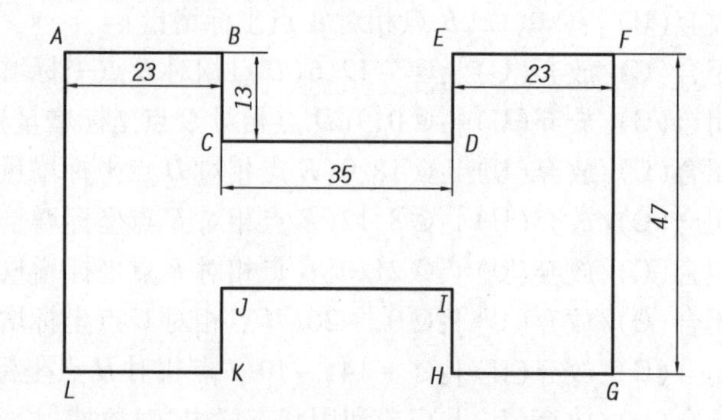

图 2-4　用定向输入法画图

操作步骤如下:首先打开状态栏中"极轴追踪"模式

命令: _line 指定第一点:单击任一点 A

指定下一点或[放弃(U)]：23(在 B 点方向输入)
指定下一点或[闭合(C)/放弃(U)]:13(在 C 点方向输入)
指定下一点或[闭合(C)/放弃(U)]:35(在 D 点方向输入)
指定下一点或[闭合(C)/放弃(U)]:13(在 E 点方向输入)
指定下一点或[闭合(C)/放弃(U)]:23(在 F 点方向输入)
指定下一点或[闭合(C)/放弃(U)]:47(在 G 点方向输入)
指定下一点或[闭合(C)/放弃(U)]:23(在 H 点方向输入)
指定下一点或[闭合(C)/放弃(U)]:13(在 I 点方向输入)
指定下一点或[闭合(C)/放弃(U)]:35(在 J 点方向输入)
指定下一点或[闭合(C)/放弃(U)]:13(在 K 点方向输入)
指定下一点或[闭合(C)/放弃(U)]:23(在 L 点方向输入)
指定下一点或[闭合(C)/放弃(U)]:C 或利用状态栏中“对象捕捉”模式捕捉到端点 A
指定下一点或[闭合(C)/放弃(U)]:回车

训练　综合四种输入法画出图 2-5、图 2-6、图 2-7 和图 2-8。

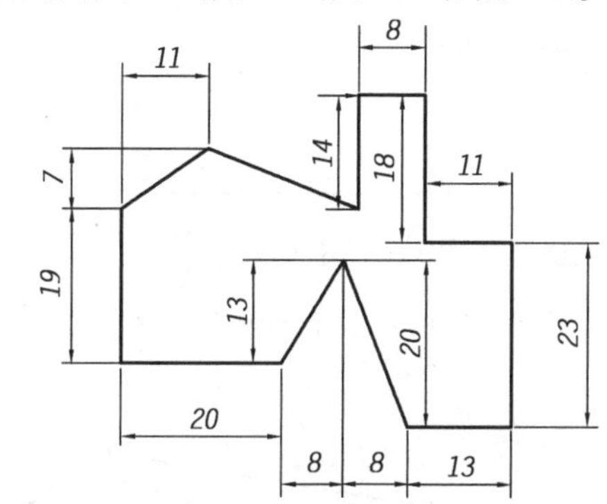

图 2-5　用综合输入法画图(1)

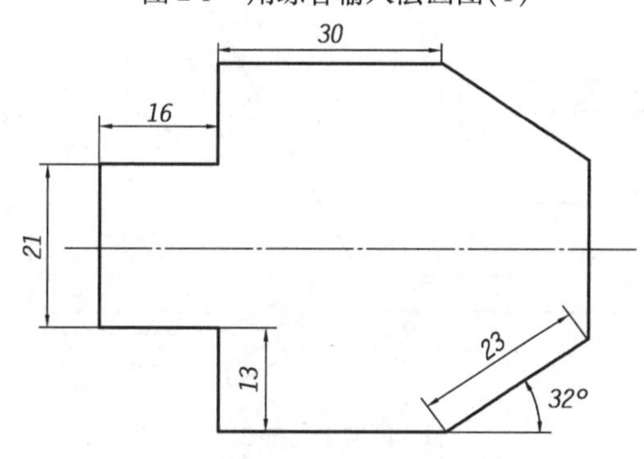

图 2-6　用综合输入法画图(2)

提示　(1)画图时将状态栏中的极轴追踪、对象捕捉追踪和对象捕捉打开,以方便画图。

(2)图 2-8 的绘制需调出对象捕捉工具条。图 2-8(a)中 A、B、C 处的具体位置可使用捕捉功能中的“捕捉至”确定,以画圆为例,看看圆心 C 点如何用“捕捉至”捕捉。

操作步骤如下:

(1)单击“圆”的图标命令或者键入“c”并回车;

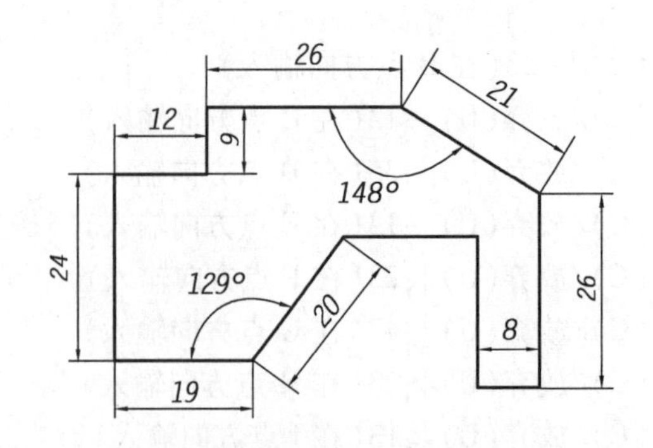

图 2-7　用综合输入法画图(3)

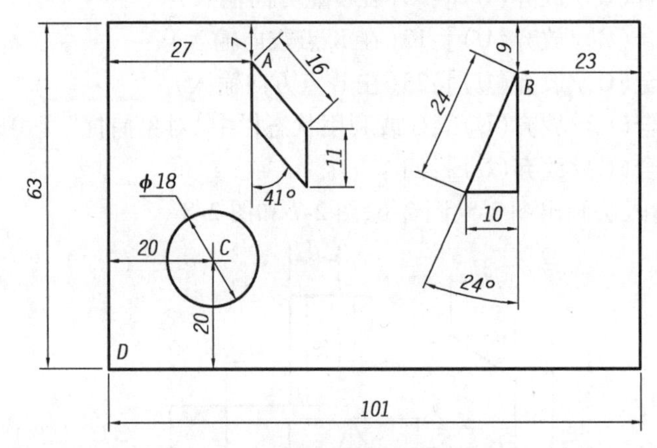

(a)借助相对捕捉

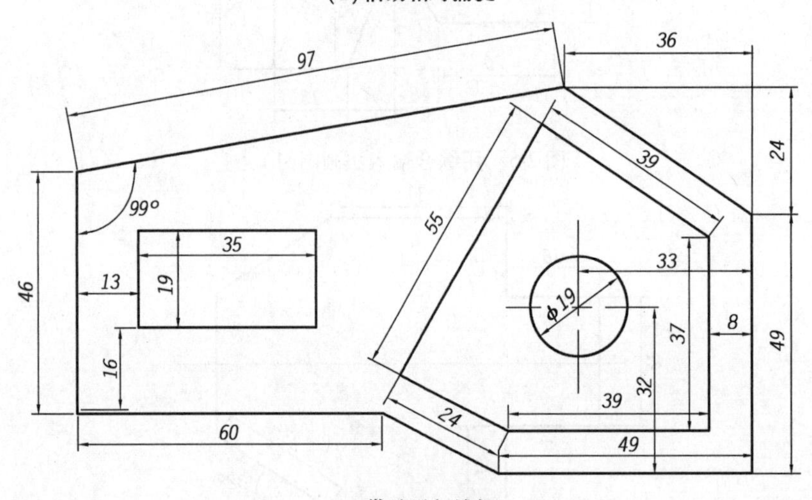

(b)借助平行捕捉

图 2-8　用综合输入法画图(4)

(2)指定圆的圆心或[三点(3P)/两点(2P)/相切、相切、半径(T)]:(指定圆心);单击捕捉"捕捉至"图标,命令行出现_from 基点:(找出与圆心相关的参考点);

(3)捕捉 *D* 点并单击,命令行出现<偏移>;

(4)在键盘上输入"@20,20"并回车。

2.3　常用编辑命令操作

2.3.1　Offset(**偏移**)、Trim(**修剪**)、Extend(**延伸**)

题 2-5　绘制图 2-9 ~ 图 2-11 所示图形。

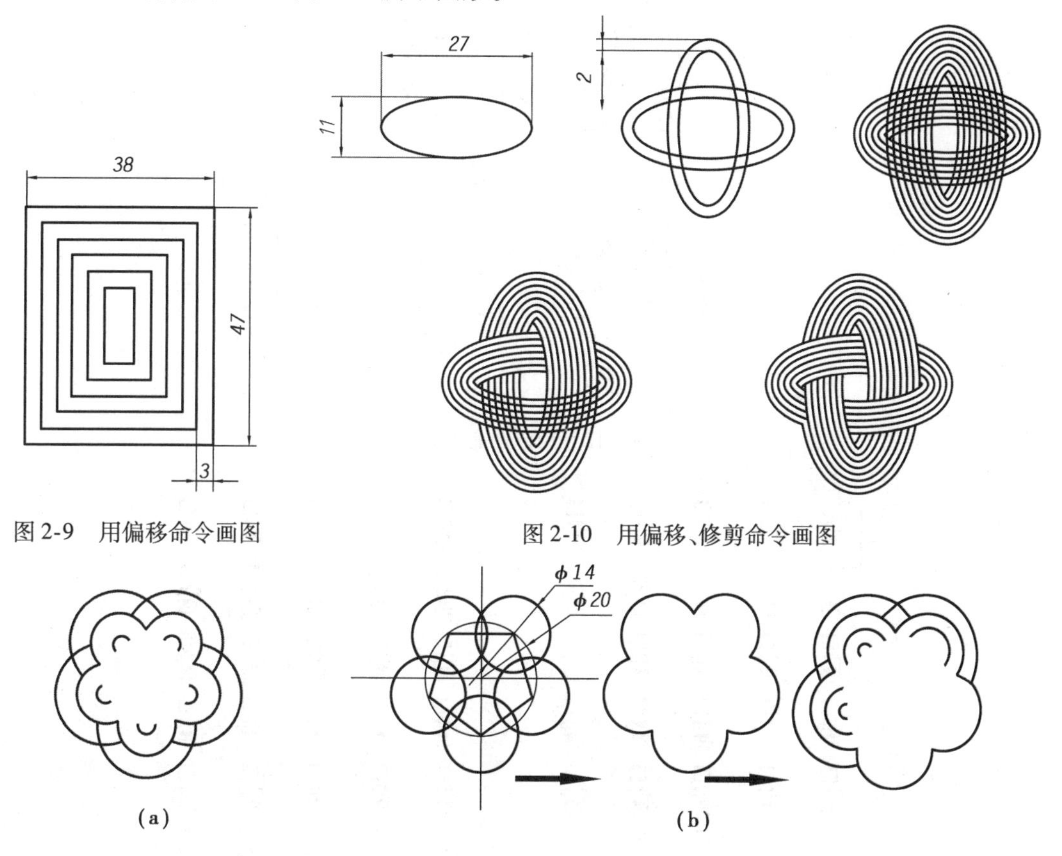

图 2-9　用偏移命令画图

图 2-10　用偏移、修剪命令画图

图 2-11　用偏移、修剪、延伸命令画图

2.3.2　Mirror(**镜像**)

题 2-6　用镜像命令绘制图 2-12。图中的文字可不写。

2.3.3　Array(**阵列**)

题 2-7　用阵列命令绘制图 2-13、图 2-14、图 2-15。
提示　图 2-15 中的花草图案可以根据提供的花瓣图素进行阵列。

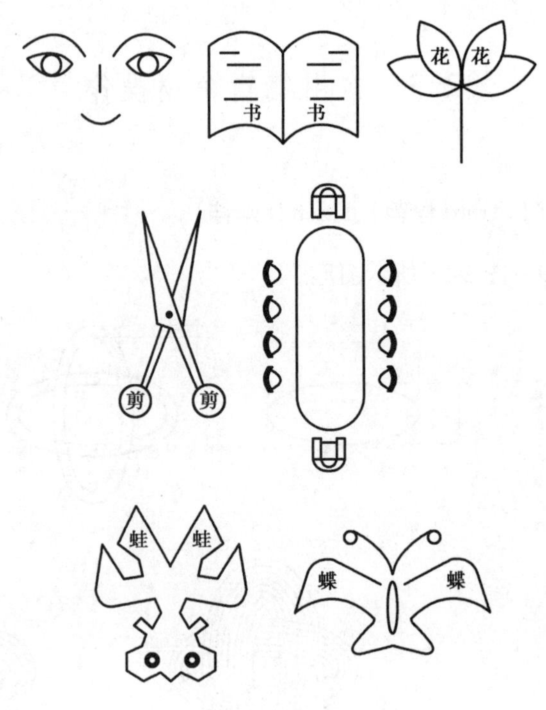

图 2-12　用镜像命令画图

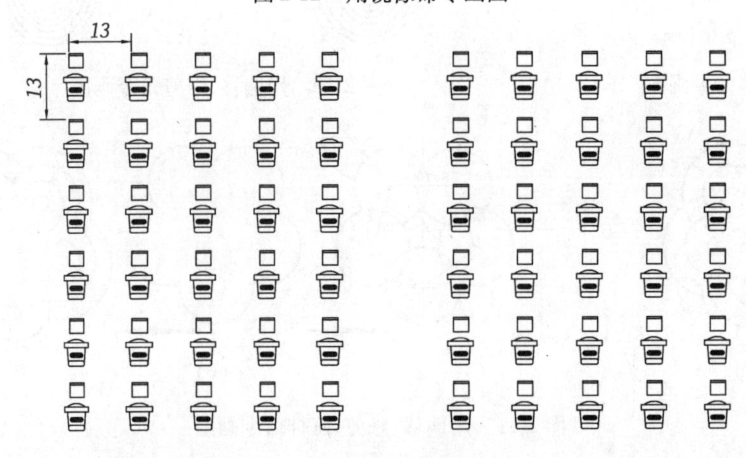

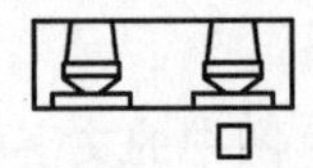

图 2-13　用阵列命令画图(1)

题 2-8　用环形阵列命令绘制图 2-16。

提示　使用环形阵列功能时,要注意选好旋转中心、旋转角度、旋转起点。改变任一参数,阵列结果都不一样。

题 2-9　改变坐标方向并用矩形阵列命令绘制图 2-17 和图 2-18。

提示　改变坐标方向操作步骤如下:

(1)画出阵列方向线和阵列图形,如图 2-18 所示。

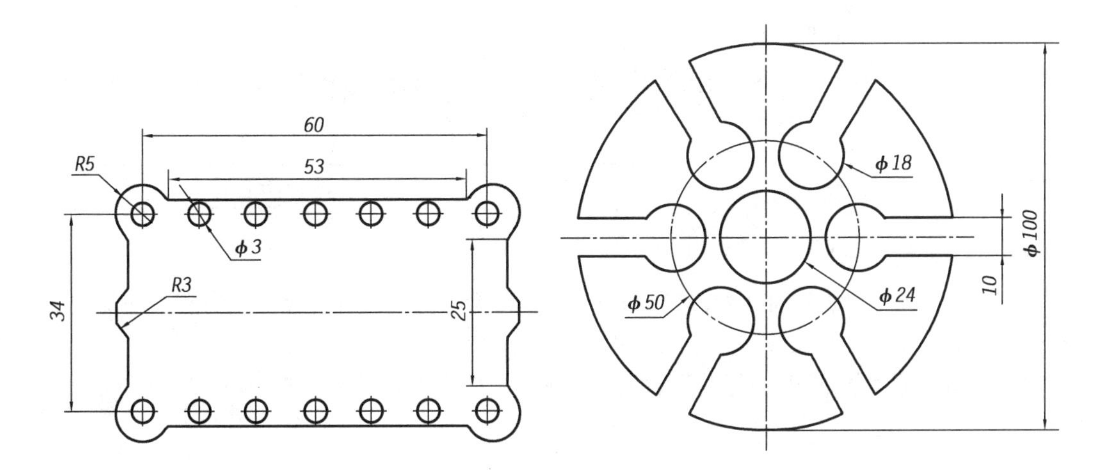

图 2-14　用阵列命令画图(2)

图 2-15　用阵列命令画图(3)

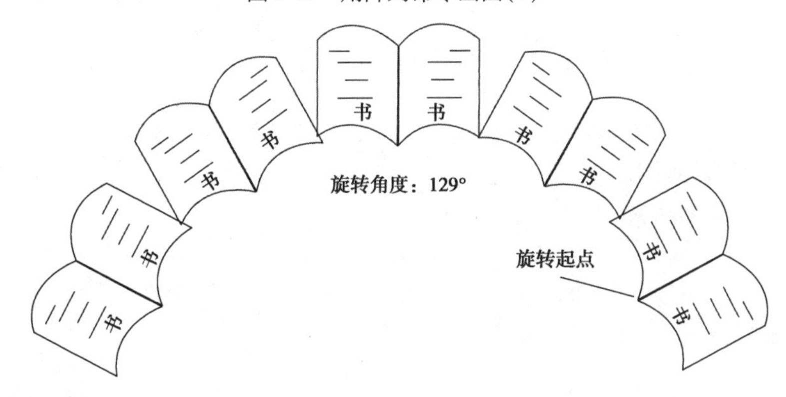

图 2-16　用环形阵列命令画图

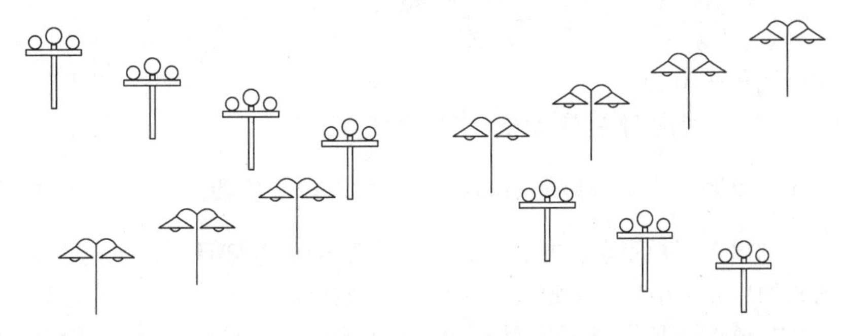

图 2-17　用矩形阵列命令画图

(2)选择 UCS 工具栏中的“三点 UCS”,改变原坐标方向,如图 2-19 所示。

图 2-18　阵列方向线　　　　图 2-19　选择 UCS

(3)选择 *A*—*B* 点为 *X* 轴阵列方向,再在线段 *AB* 旁边随意单击一点,即确定了 *Y* 轴方向。如图 2-20 所示。

(4)选择阵列命令,阵列一行 5 列,即在 *X* 轴方向得到 1 行 5 列图形,如图 2-20 所示。

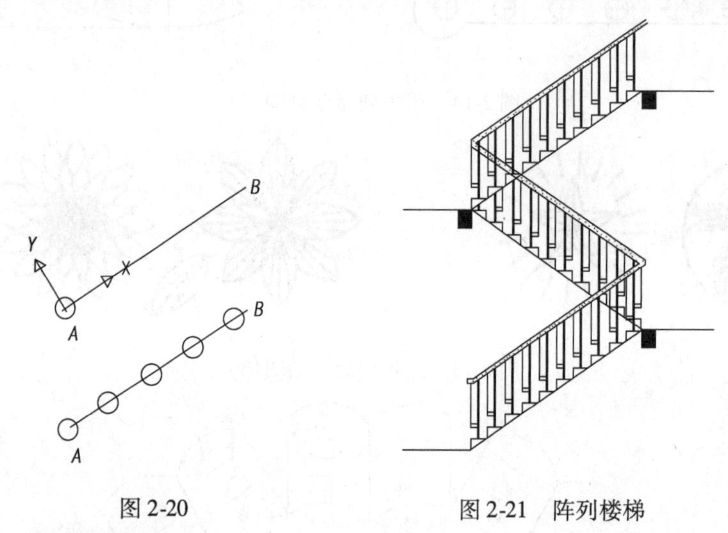

图 2-20　　　　图 2-21　阵列楼梯

图 2-21 所示图形画图步骤:

(1)画出 1 级楼梯图素。

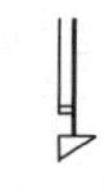

(2)改变坐标方向。

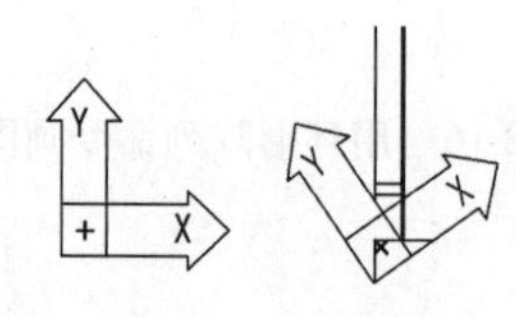

(3)向 *X* 方向阵列 10 个。

(4)将阵列后的 10 级楼梯左右镜像并作相应移动。

2.3.4　Copy(**复制**)、Move(**移动**)、Erase(**删除**)、Rotate(**旋转**)

题 2-10　先画出七巧板图素,如图 2-22 所示,再画出图 2-23 所示的七巧板拼图。

提示　图素的尺寸大小自己决定,只要拼出的图案比例协调即可。操作上述命令时,要注意基准点的选择。通常情况下,基准点就选择在原图形中心点或某一端点,并用捕捉功能捕捉基准点和新目标点。基准点选择不当,会导致复制、移动或旋转的图形无法定位。

图2-22 七巧板图素

图2-23 绘制七巧板拼图

2.3.5 Chamfer(倒直角)、Fillet(倒圆角)

题 2-11 绘制图 2-24。

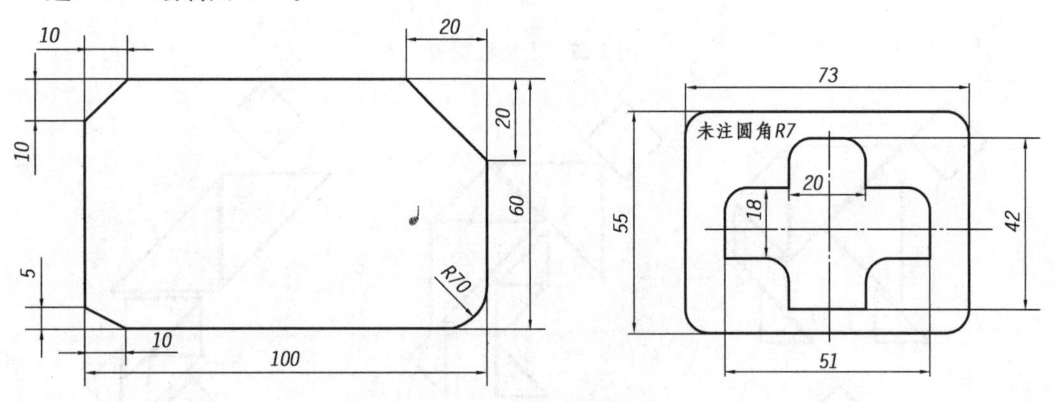

图 2-24 用倒角命令画图

2.3.6 Pline(多段线)

多段线可以绘制直线段、圆弧段或两者的组合线段,同时具有随时设置线段宽度的特点。

题 2-12 绘制图 2-25 所示图形。

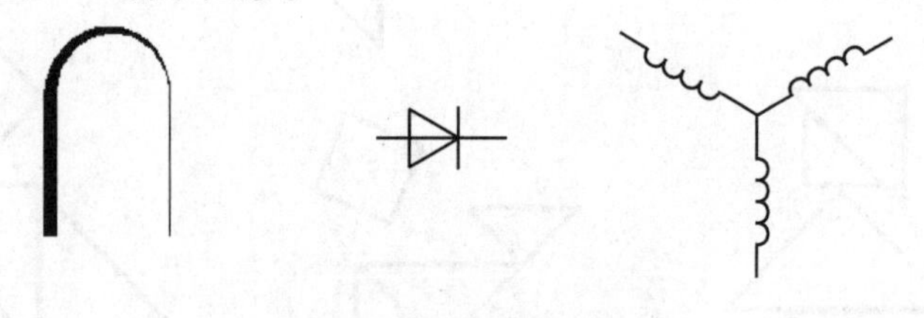

图 2-25 用多段线命令画图

第 3 章

AutoCAD 三视图绘制

3.1　图层设置

三视图绘制涉及实线、虚线、点画线等不同的线型，这些线型可通过图层设置来实现。单击“图层”面板 “图层特性管理器”，出现如图 3-1 所示对话框。其中的 0 图层不能删除或更名，单击“新建图层”图标，可以创建所需的图层，包括图层的名称、颜色、线型及线宽。

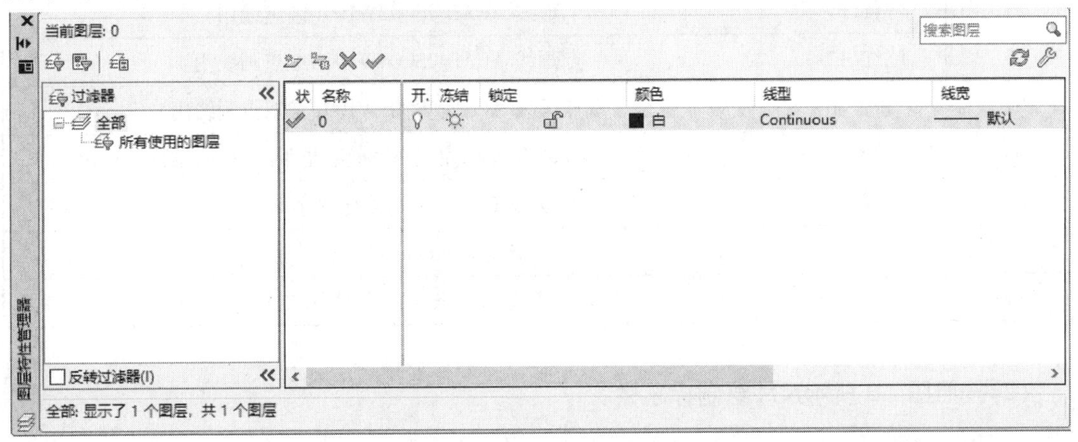

图 3-1　图层特性管理器对话框

题 3-1　绘制图 3-2 所示 A3 横装图幅(图纸边界线用细实线画，图框线用粗实线画，标题栏外框用粗实线画)。

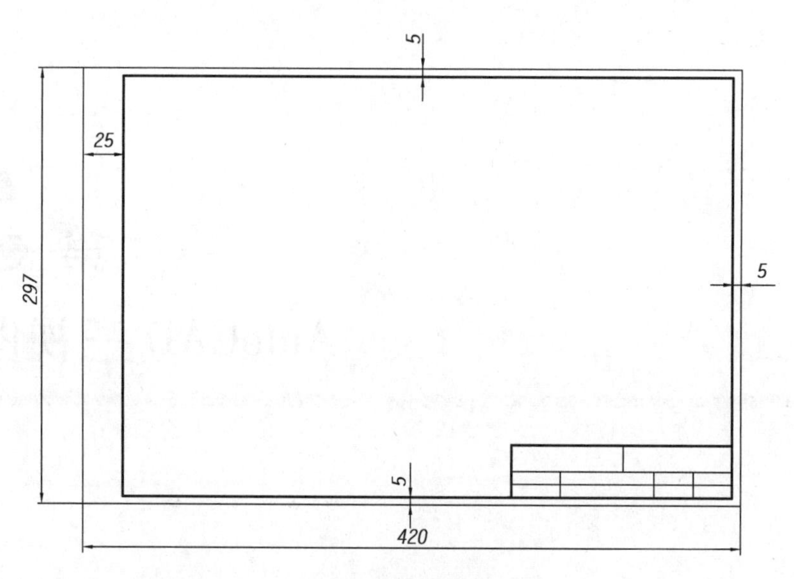

图 3-2　A3 横装图幅

(1)按以下规定设置图层及线型,并设定线型比例为 0.4。

图层名称	颜色(颜色号)	线　型
01	白(7)	实线 Continuous(粗实线用)
02	绿(3)	实线 Continuous(细实线用)
04	黄(2)	虚线 ACAD_ISO02W100(细虚线用)
05	红(1)	点画线 ACAD_ISO04W100(细点画线用)
07	粉红(6)	双点画线 ACAD_ISO05W100(细双点画线用)
08	绿(3)	实线 Continuous(尺寸标注、公差标注、指引线、表面结构代号用)
09	绿(3)	实线 Continuous(装配图序列号用)
10	绿(3)	实线 Continuous(剖面符号用)
11	绿(3)	实线 Continuous(细实线文本用)

(2)按照图 3-3 所示尺寸绘制标题栏。

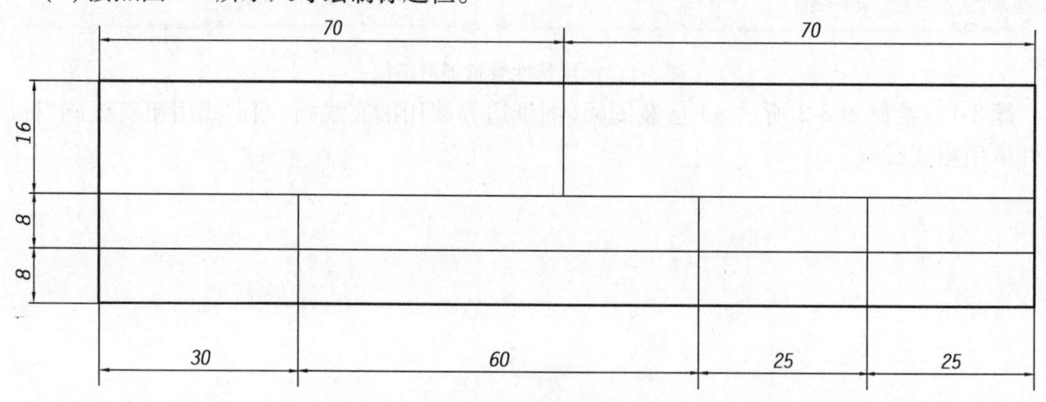

图 3-3　标题栏格式

3.2　线型比例

不同的线型比例和线宽可以根据要求作适当调整，通过“特性工具栏”中“线型控制”下拉项中的“其他”，打开如图 3-4 所示的线型管理器。

图 3-4　线型管理器

提示　调整线型比例时要注意两个问题：第一，在 AutoCAD 里画任何图形都要用 1∶1的比例画，原图尺寸是多大，绘图范围（Drawing limits）就制定多大，以便调整线型比例。若原图尺寸与绘图范围不对应，线型比例就不便按规律调整。第二，线型比例与打印出图比例有关，按常规若是 1∶1出图，整体比例因子（Global scale factor）就是 1。若是放大 X 倍出图，则整体比例因子应缩小到$\frac{1}{X}$；若是缩小$\frac{1}{X}$出图，则整体比例因子应放大 X 倍。

题 3-2　自行设置全局比例因子和当前对象缩放比例参数，绘制图 3-5 所示图形。

说明　图中的 GSF 是 Global scale factor（全局比例因子）的缩写，COS 是 Current object scale（当前对象缩放比例）的缩写。

线宽1 mm

线宽0.6 mm

线宽0.35 mm

线宽0.18 mm

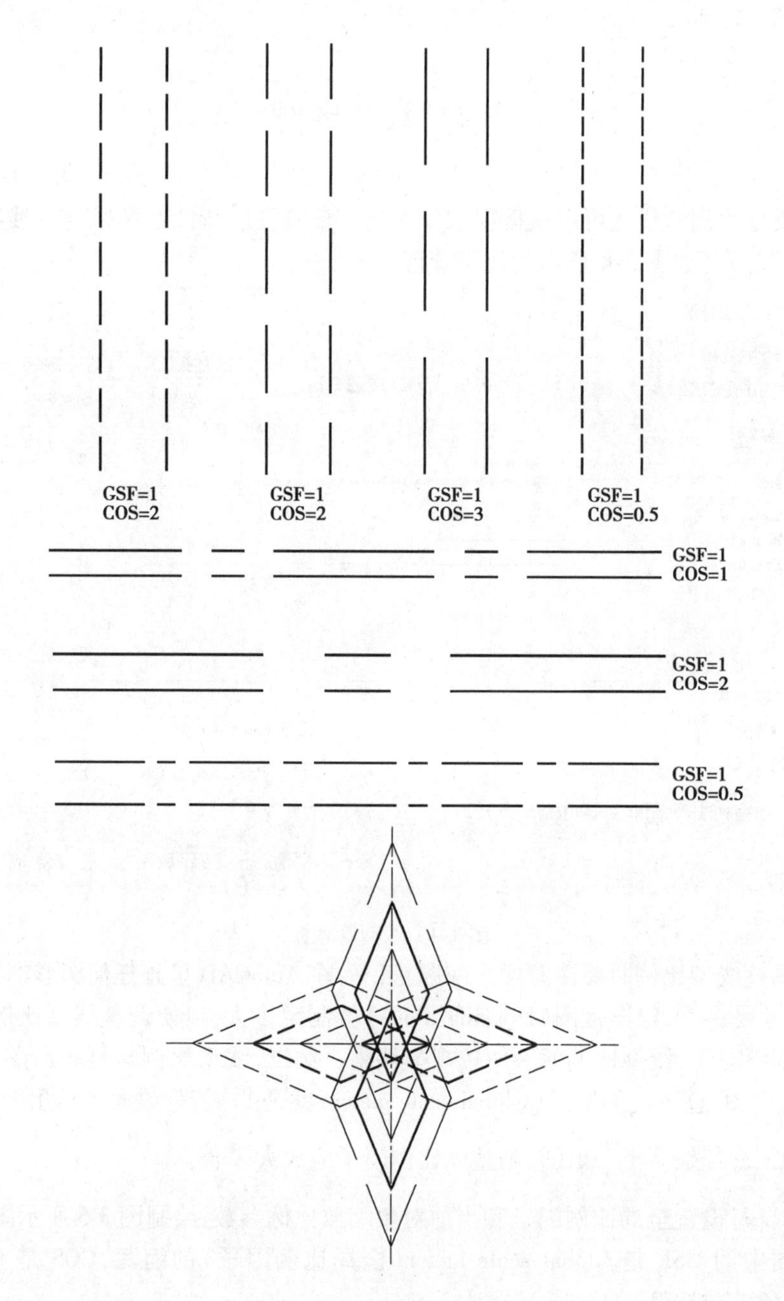

图 3-5 线型、线宽、线型比例

3.3 三视图绘制实例

绘制三视图时，首先根据图线进行图层设置，再进行图形绘制。

题 3-3 抄画如图 3-6 所示的三视图。

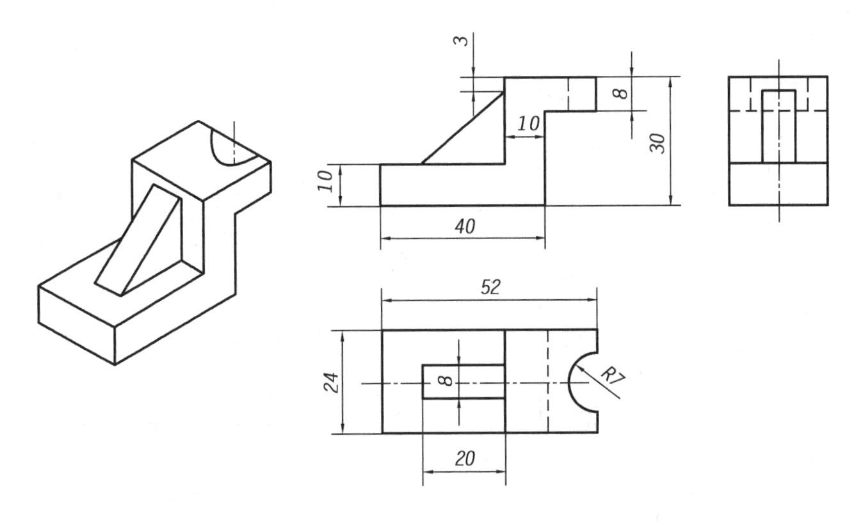

图 3-6　抄画三视图

(1)设置图层及线型,并设定线型比例为 0.4。

图层名称	颜色(颜色号)	线　型
01	白(7)	实线 Continuous(粗实线用)
04	黄(2)	虚线 ACAD_ISO02W100(细虚线用)
05	红(1)	点画线 ACAD_ISO04W100(细点画线用)

(2)绘制主、俯视图,如图 3-7 所示。

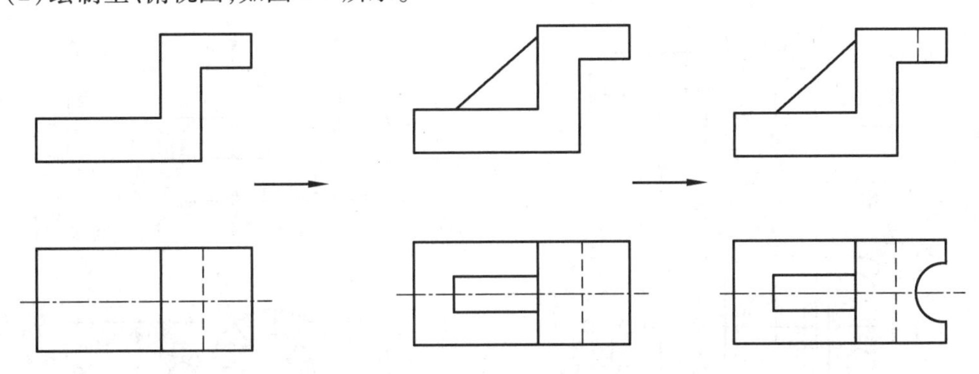

图 3-7　主、俯视图绘制过程

(3)绘制左视图,如图 3-8 所示。

提示　左视图绘制有两种方式:

(1)旋转俯视图的方式,如图 3-8(a)所示。这种方式不建议使用。

(2)运用偏移命令中"指定偏移距离"的方式,如图 3-8(b)所示,如单击鼠标拾取俯视图中的 1、2 点。

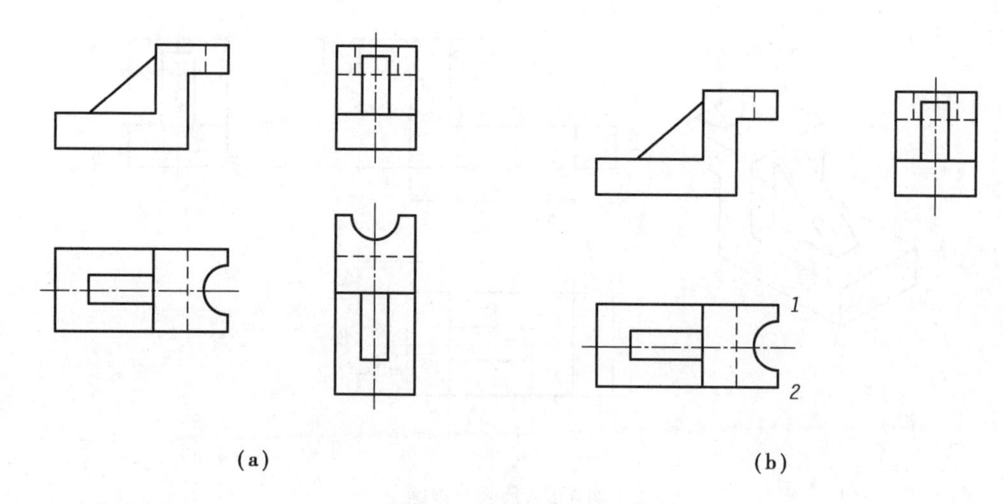

图 3-8　左视图绘制方法

3.4　三视图绘制训练

抄画如图 3-9 至图 3-21 所示的视图,并补画第三视图。

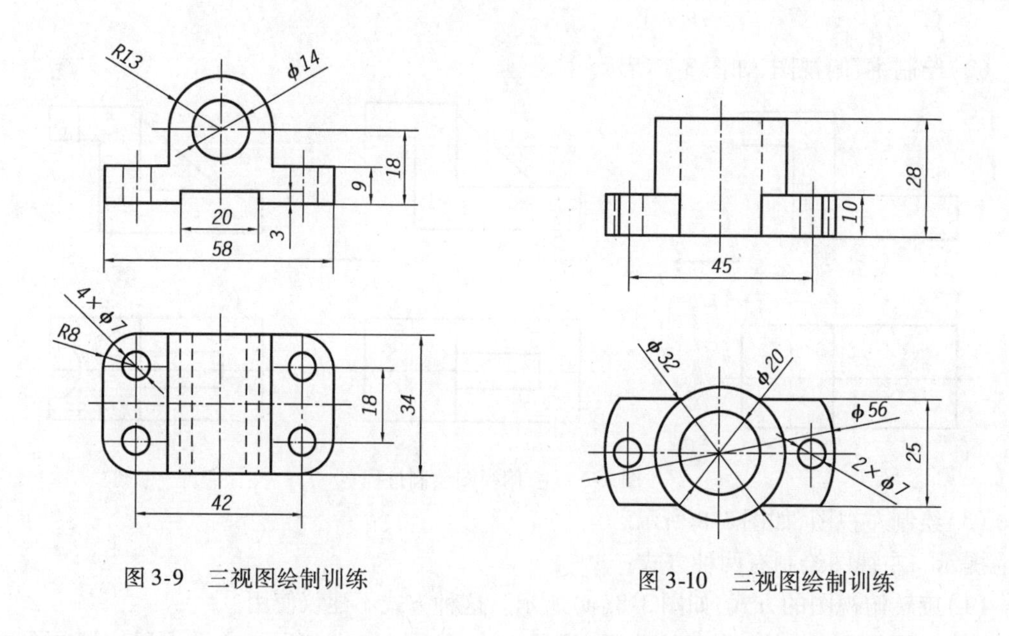

图 3-9　三视图绘制训练　　　　图 3-10　三视图绘制训练

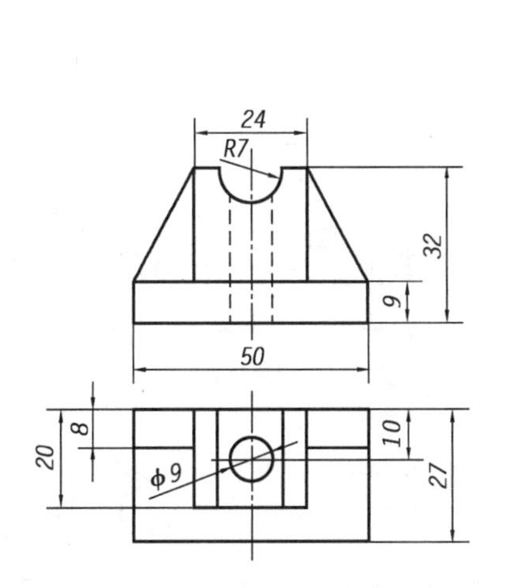

图 3-11　三视图绘制训练

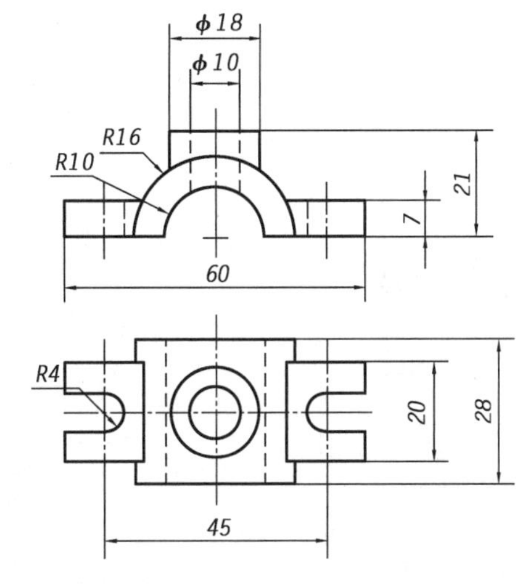

图 3-12　三视图绘制训练

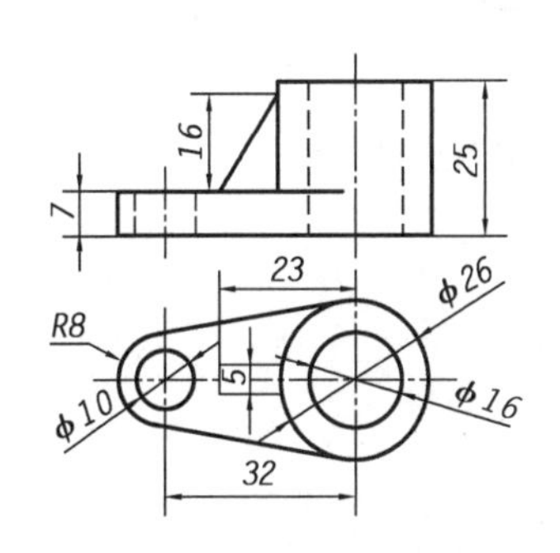

图 3-13　三视图绘制训练

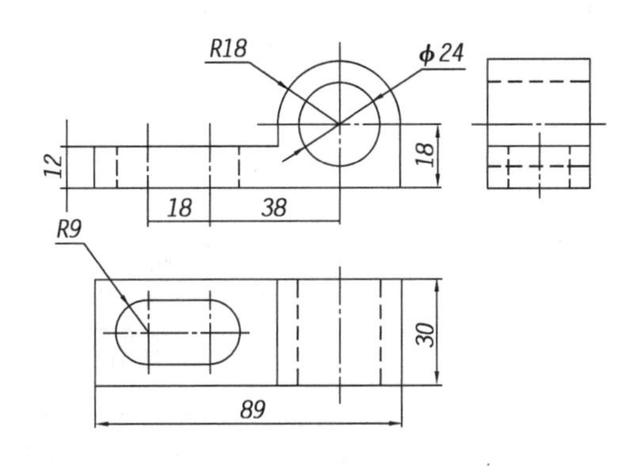

图 3-14　三视图绘制训练

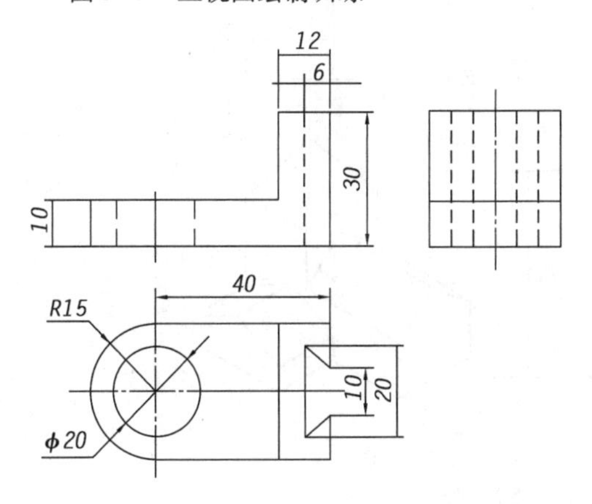

图 3-15　三视图绘制训练

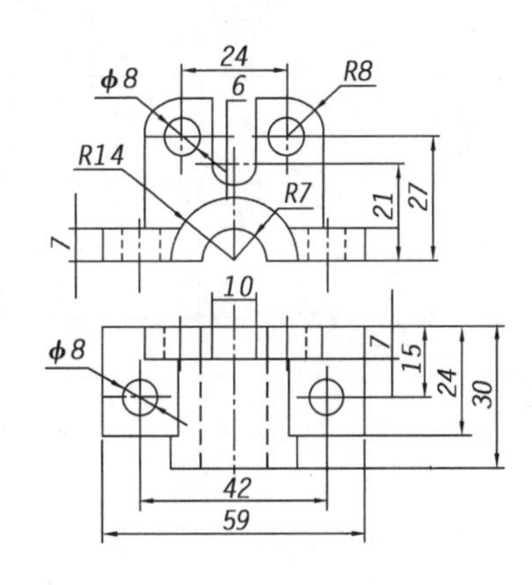

图 3-16　三视图绘制训练

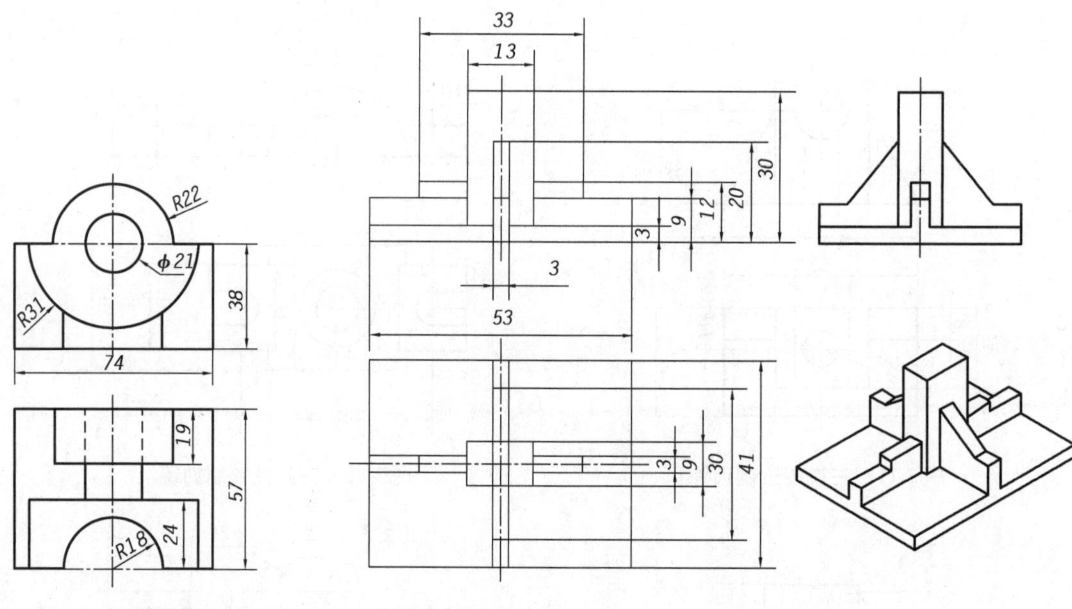

图 3-17　三视图绘制训练

图 3-18　三视图绘制训练

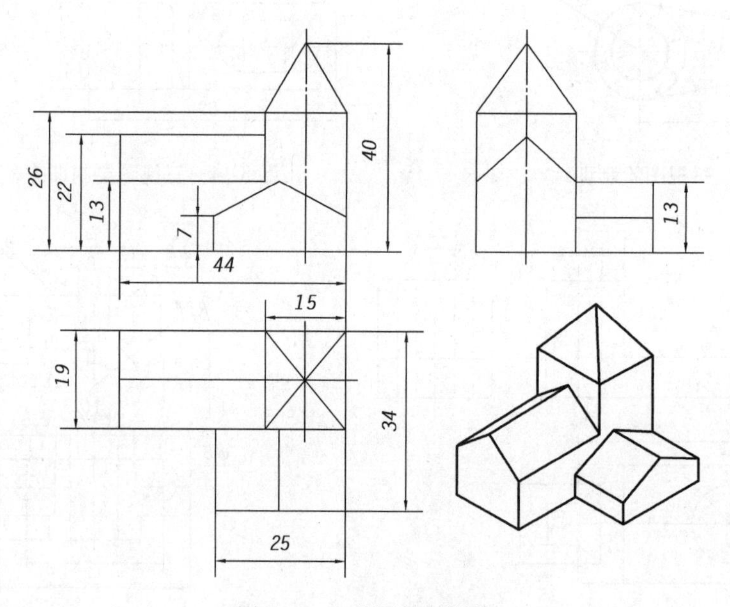

图 3-19　三视图绘制训练

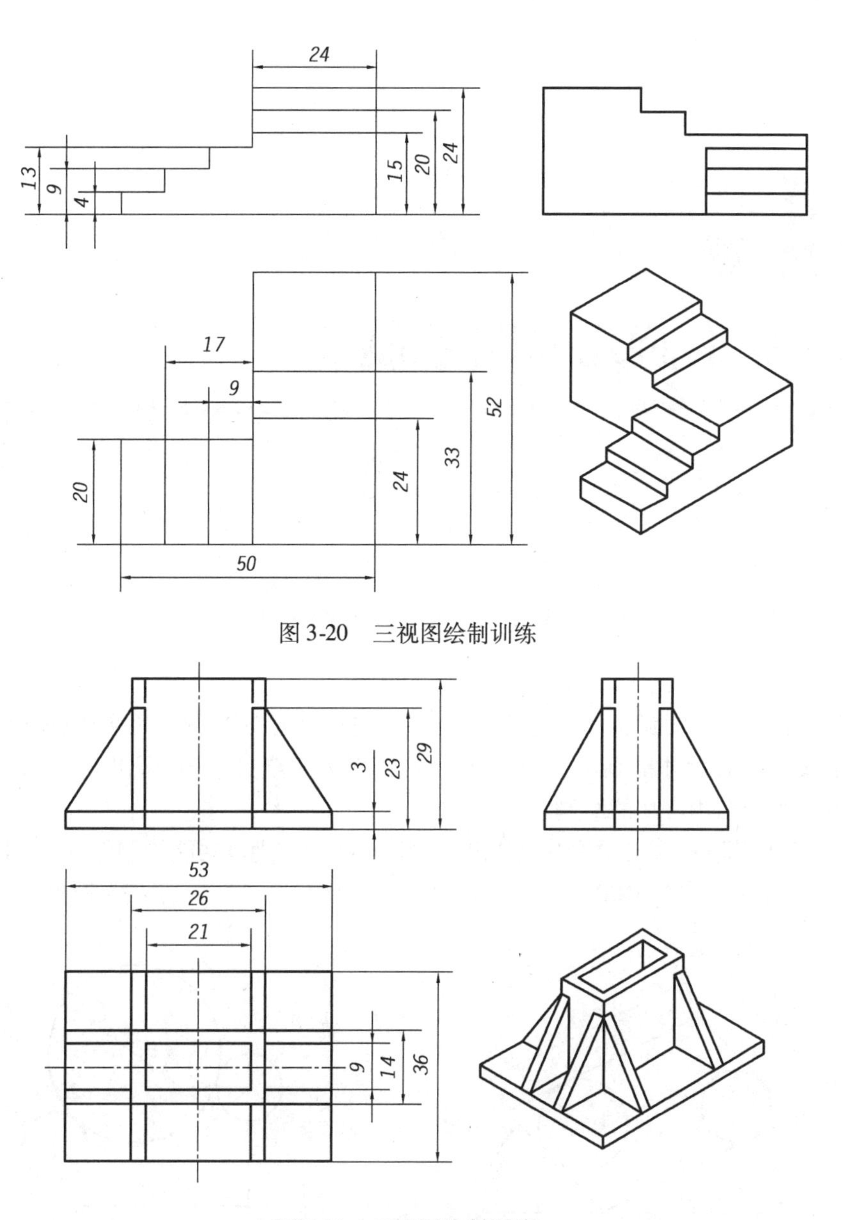

图 3-20　三视图绘制训练

图 3-21　三视图绘制训练

第 4 章

AutoCAD 平面几何图绘制

4.1　相切圆弧绘制

几何作图是将圆、圆弧、直线等图素根据尺寸进行连接的过程。用手工作图时，凡是圆或弧，都必须找出圆心后才能画出。而在 AutoCAD 里不完全是这样，可以利用 Circle 命令中的“相切，相切，半径”(Ttr)功能绘制。

题 4-1　利用圆(Circle)命令中的“相切，相切，半径”(Ttr)功能绘制图 4-1 至图 4-2。

提示　图 4-1 中的 $\Phi20$、$\Phi25$、图 4-2 中的 $\Phi50$ 和图 4-3 中的 $R25$ 都是用“Ttr”功能完成的。

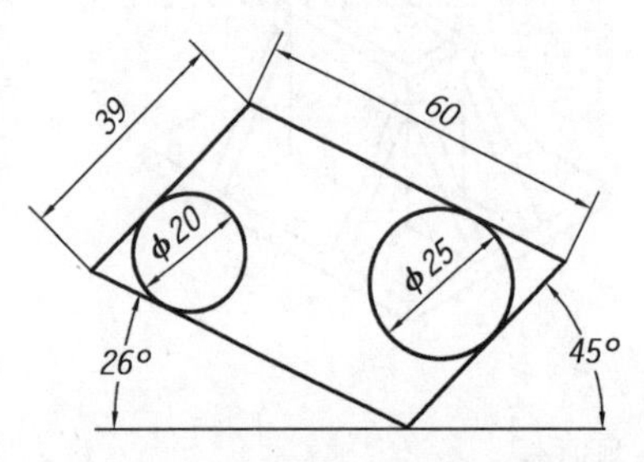

图 4-1　用“Ttr”完成圆弧连接(1)

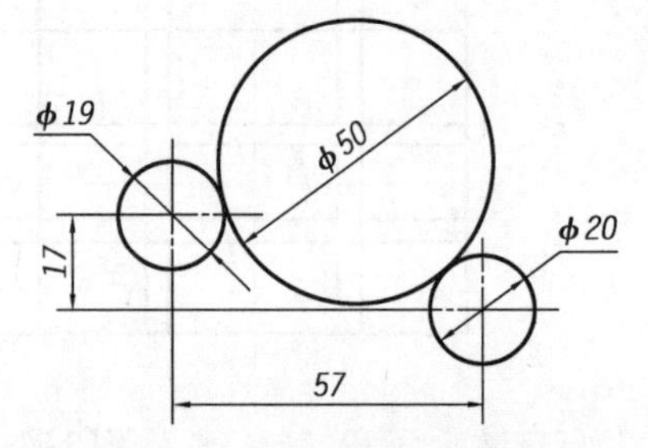

图 4-2　用“Ttr”完成圆弧连接(2)

题 4-2　利用圆(Circle)命令中的“相切，相切，半径”(Ttr)功能或倒圆角命令绘制图 4-3 至图 4-4。

提示　“Ttr”命令可适用于同时内切、同时外切、同时内外切的情况。选择的切点不同，用“Ttr”连接的圆弧形状不同。如图 4-3 中的 $R90$ 和 $R80$ 的弧，如不在切点附近(即 A、B、C、D)捕捉切点，画出的图形就如图 4-4 所示。

倒圆角命令不适用于同时内外切和同时内切的情况，图 4-3 中 $R90$ 和 $R80$ 的弧线就不能用倒圆角命令来画。

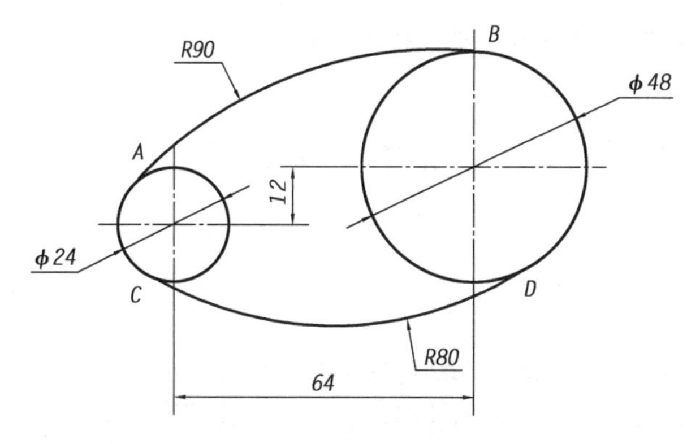

图 4-3　用“Ttr”完成圆弧连接(3)

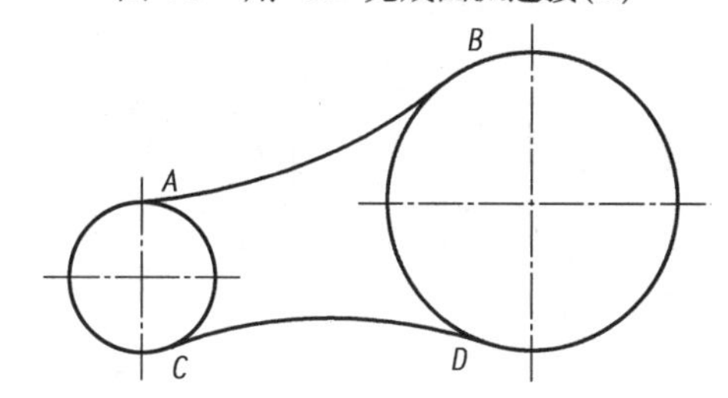

图 4-4　切点不同，用“Ttr”命令连接的圆弧形状不同

4.2　几何图形绘制方法

几何作图中有“已知线段(弧)”、“中间线段(弧)”和“连接线段(弧)”之分。

已知线段(弧)是指圆心的坐标及圆弧半径都确定，如图 4-5 中的 *Φ*50、*Φ*32、*Φ*40、*Φ*20、*R*32 等圆。

中间线段(弧)是指圆弧半径确定但圆心的 *X*、*Y* 坐标有一个不确定，如图 4-5 中的 *Φ*60 圆。

连接线段(弧)是指圆弧半径确定但圆心的 *X*、*Y* 坐标都不确定，如图 4-5 中的 *R*24、*R*20 等弧。

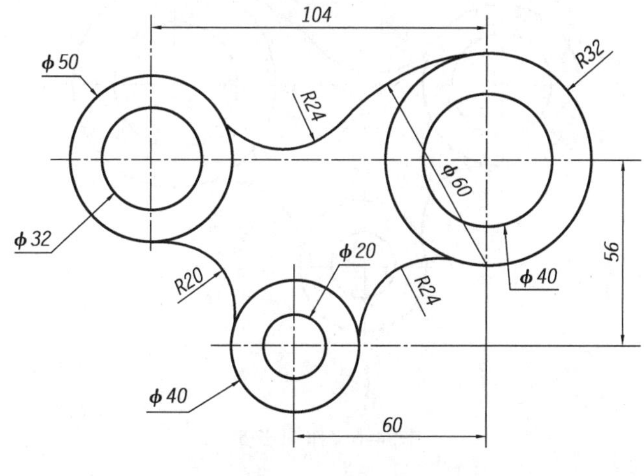

图 4-5　几何图形

若是“中间弧”,需要找圆心,若是“连接弧”,可以用倒圆角命令或 Ttr 命令完成。

4.3　几何图形绘制实例

题 4-3　画出图 4-5 所示图形。

作图步骤:

(1)绘制中心线:Φ50、Φ32、Φ40、Φ20、Φ64 的定位线,如图 4-6(a)所示。

(2)绘制已知线段:Φ50、Φ32、Φ40、Φ20、Φ64 的图线,如图 4-6(b)所示。

(3)绘制中间线段:R60 的图线,如图 4-6(c)、(d)所示。

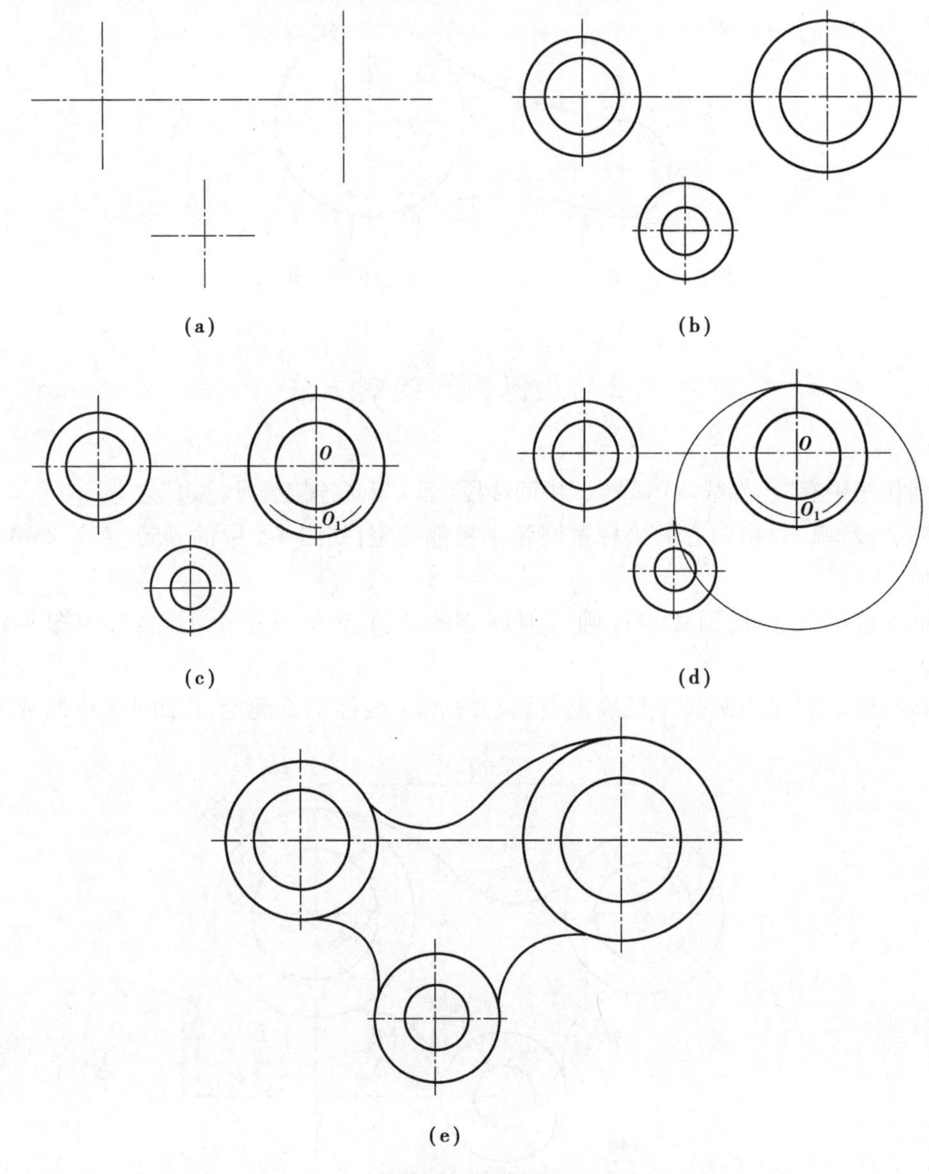

图 4-6　作图步骤

提示　$R60$ 属于“中间线段”,需要找圆心,因为这条弧线与 $\Phi64$ 圆内切,利用两内切圆弧圆心距为两圆弧半径之差,所以以 O 为圆心,画出以 $R28$ 为半径的圆,以确定 $R60$ 的圆心 O_1。

(4)绘制连接线段:$R24$、$R20$ 的图线,如图 4-6(e)所示。

因为是连接线段,不用找圆心,可以用倒圆角或圆(Circle)命令中的“相切,相切,半径”(Ttr)的方法实现。

题 4-4　画出图 4-7 所示图形。

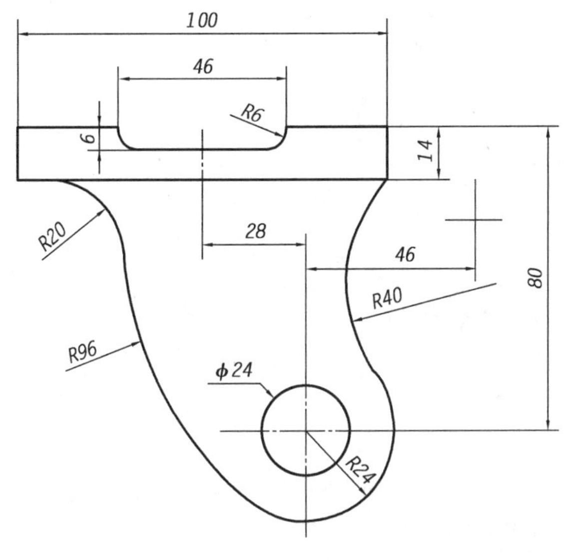

图 4-7　几何图形

作图步骤:

(1)绘制中心线:$\Phi24$、$R24$、100 的定位线,如图 4-8(a)所示。

(2)绘制已知线段:$\Phi24$、$R24$、100、46、14 的图线,如图 4-8(b)所示。

(3)绘制中间线段:$R96$ 的图线,如图 4-8(c)、(d)所示。

提示　$R96$ 属于“中间线段”,需要找圆心,因为这条弧线与 $\Phi24$ 圆内切,利用两内切圆弧圆心距为两圆弧半径之差,所以以 O 为圆心,画出以 $R72$ 为半径的圆,以确定 $R96$ 的圆心 O_1。

(4)绘制连接线段:$R20$ 的图线,如图 4-8(e)所示。

(5)绘制连接线段:$R40$ 的图线,如图 4-8(e)、(f)所示。

提示　$R40$ 虽然是连接线段,因为要过一点,不能用倒圆角或圆(Circle)命令中的“相切,相切,半径”(Ttr)的方法实现,只能找圆心,再利用与 $R24$ 外切,以 O 为圆心、两圆弧半径之和的 64 为半径画圆;再以 O_2 为圆心、40 为半径画圆,两圆弧的交点即为圆心。

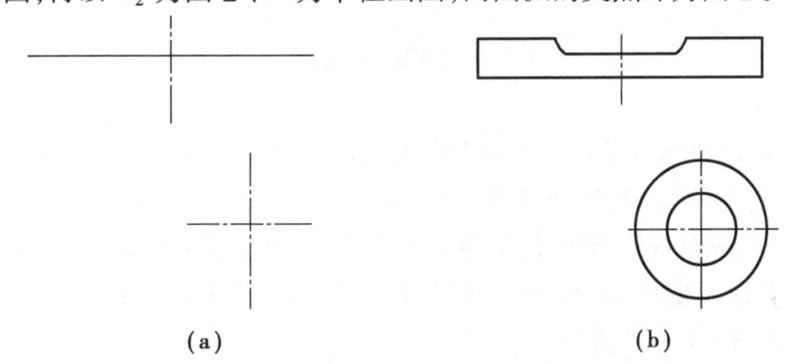

(a)　　　　　　(b)

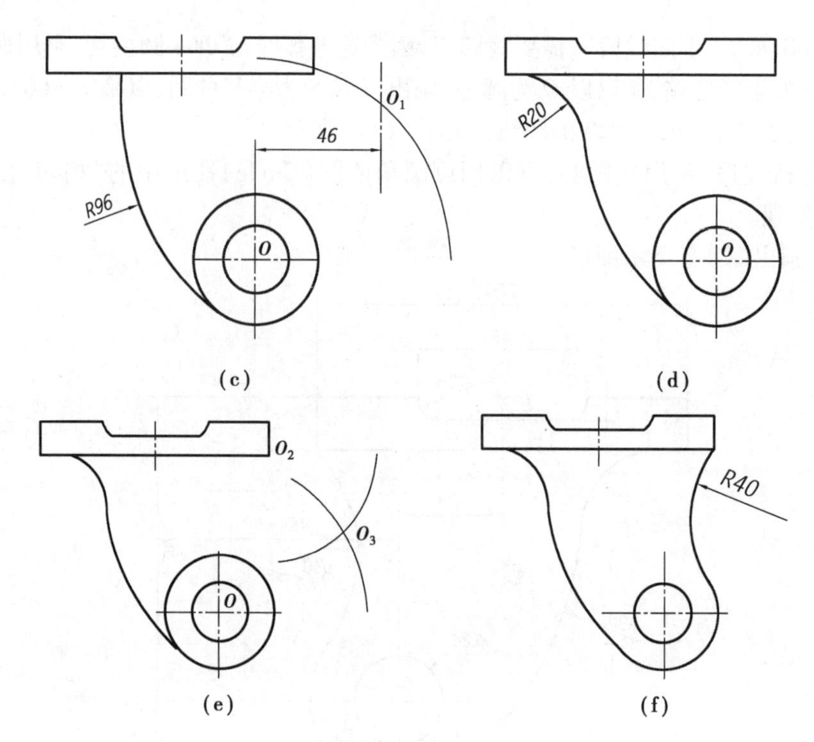

图 4-8　作图步骤

题 4-5　画出图 4-9 所示图形。

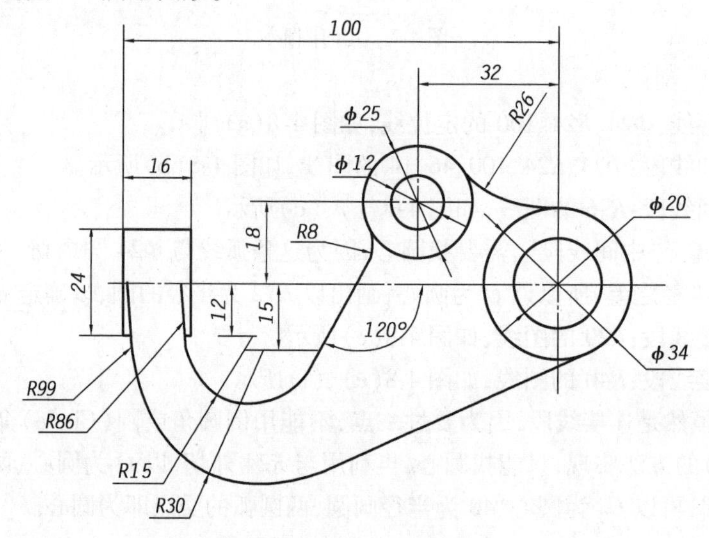

图 4-9　圆弧连接绘图

作图步骤:

(1)作出尺寸 $\Phi25$、$\Phi12$、$\Phi20$、$\Phi34$ 和 100 的定位线,如图 4-10(a)所示。

(2)画出尺寸 $\Phi25$、$\Phi12$、$\Phi20$、$\Phi34$ 和 16×24 的图形,如图 4-10(b)所示。

(3)以 O 为圆心,先画成以 $R86$、$R99$ 为半径的圆,再剪去多余的线,如图 4-10(c)所示。

(4)将主中心线向下偏移 12 和 15 并调整长度得到直线 E 和直线 F。再以 O 为圆心画 $R71$ 和 $R69$ 弧线,如图 4-10(d)所示。

(5)由步骤(4)找到圆心 O_1、O_2(注意,几何作图中,圆 D 和圆 C 属于"中间线段",需要找圆心),并画出 $R30$ 和 $R15$ 的圆,如图 4-10(e)所示。

(6)画直线 G 和直线 H。执行直线命令后紧接着执行切线捕捉命令,然后将光标放在圆 C 上(类似找切点),当出现黄色切线捕捉光标后单击鼠标左键,这是画出直线的开始点,此时光标呈"十"字形。再次执行切线捕捉命令,然后将光标放在圆 A 上,当出现黄色切线捕捉光标后单击鼠标左键,回车结束。

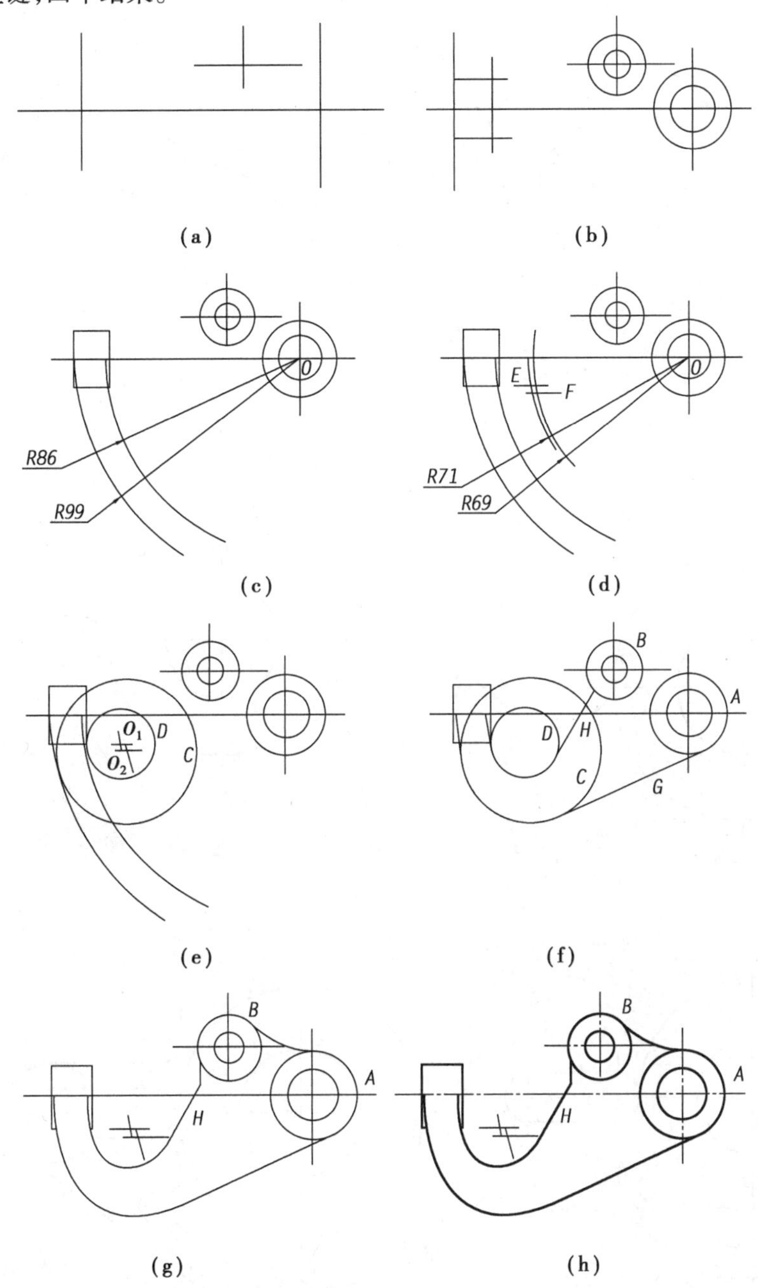

图 4-10　作图步骤

直线 H 的开始点画法与上述一样,当系统要求确定第二点位置时需在键盘上输入@ 50 <

60,再回车结束。50 是直线 H 的自定义长度,伸出部分剪掉,60 是角度,如图 4-10(f)所示。

(7)剪去圆 C 和圆 D 多余部分,再用倒圆命令画出 $R26$ 和 $R8$ 弧线(不用找圆心),如图 4-10(g)所示。

(8)调整线型,如图 4-10(h)所示。

题 4-6　画出图 4-11 所示图形。

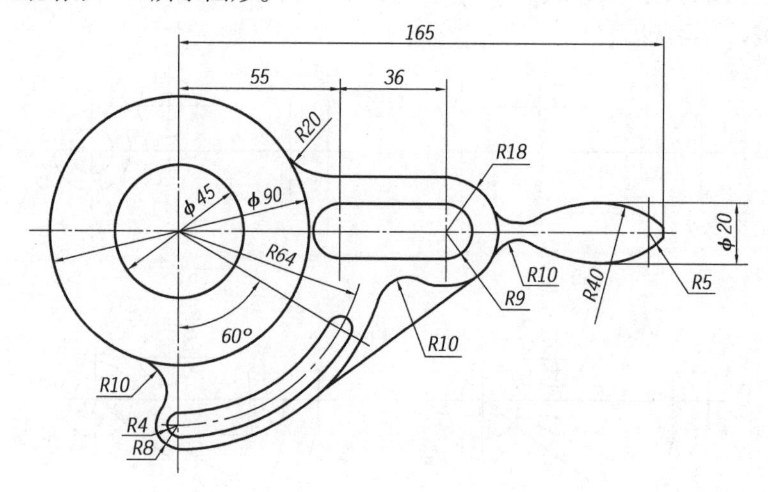

图 4-11　圆弧连接练习

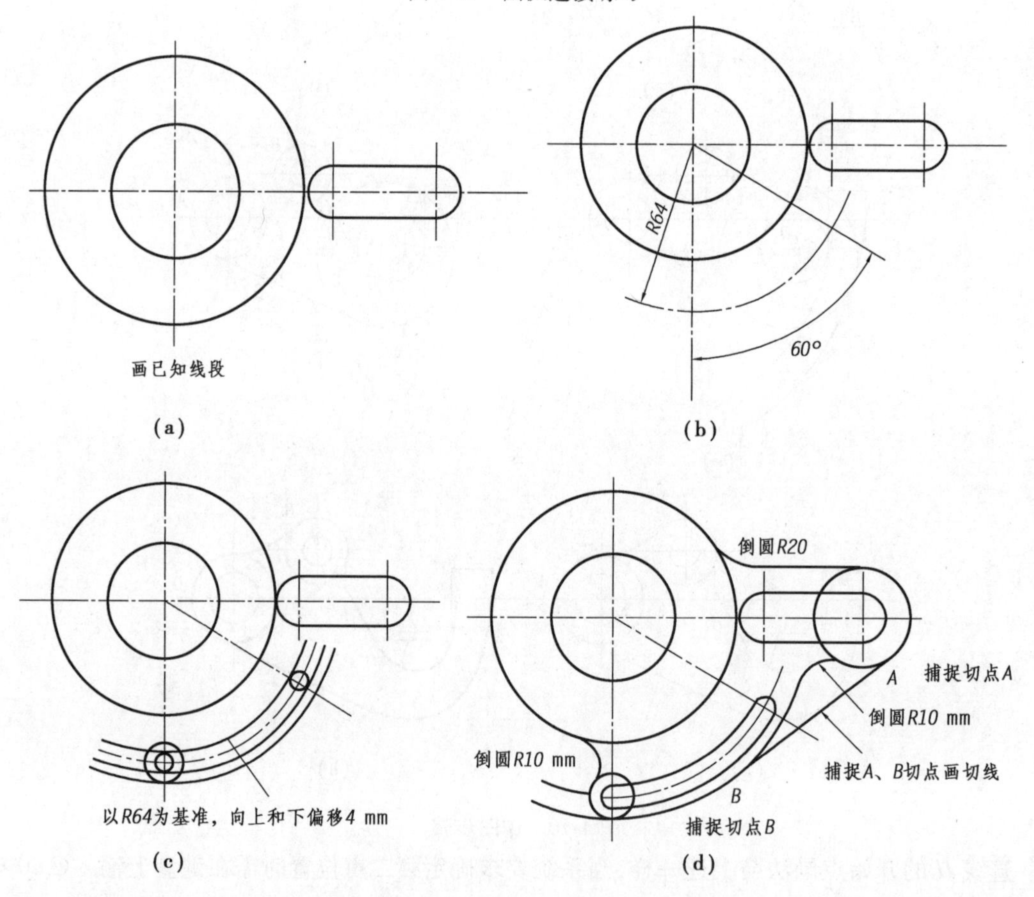

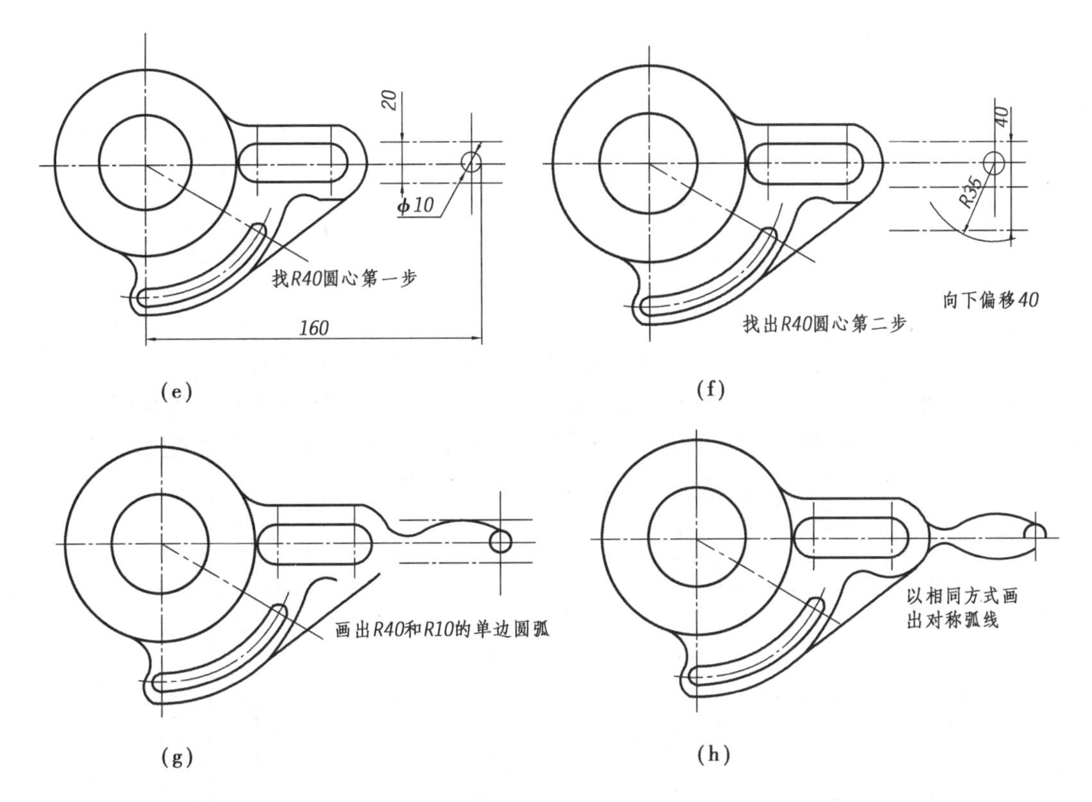

图 4-12　作图步骤

题 4-7　应用构造线命令，画出图 4-13 所示图形。

提示　图中符号∠1∶10 为斜度，表示一直线对另一直线倾斜的程度。斜度线可用构造线命令完成，利用构造线的两端无固定点并可无限延伸的特点。

作图步骤如下：

(1) 命令行输入：XL↙，或单击 Construction Line 图标命令。

(2) 指定起点：单击图 4-14 中的 *A* 点。

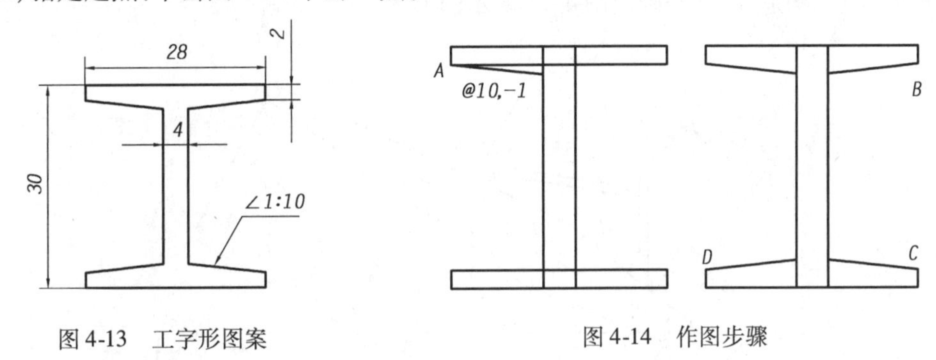

图 4-13　工字形图案　　图 4-14　作图步骤

(3) 指定通过的点，即在键盘上输入：@ 10，－1。

(4) 剪去两边多余的线。

(5) 以相同方式画出另三条斜度线，即以 *B* 点为开始点，通过点为@ -10，－1，又以 *C* 点为开始点，通过点为@ -10，1，再以 *D* 点为开始点，通过点为@ 10，1，修剪多余的线。

题 4-8　应用构造线命令，画出图 4-15 所示图形。

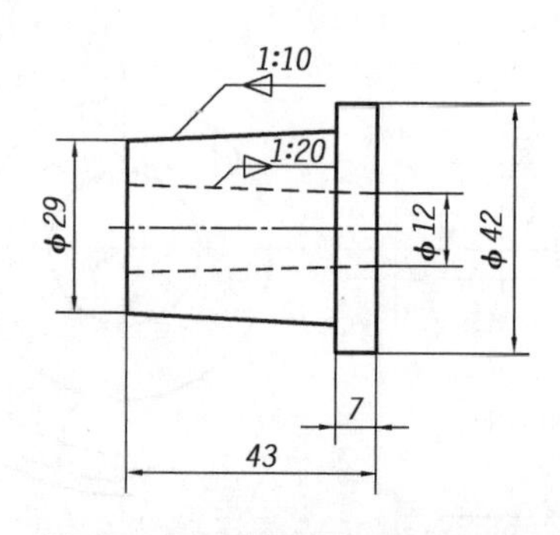

图 4-15 用构造线命令画锥度线

提示 图中符号◁——为锥度,表示圆锥的底圆直径与圆锥高度之比。锥度线可用构造线命令(XL)完成,利用构造线的两端无固定点并可无限延伸的特点。作图步骤如下:

(1)命令行输入:XL↙,或单击 Construction Line 图标命令。

(2)指定起点:单击图 4-16 中的 *A* 点。

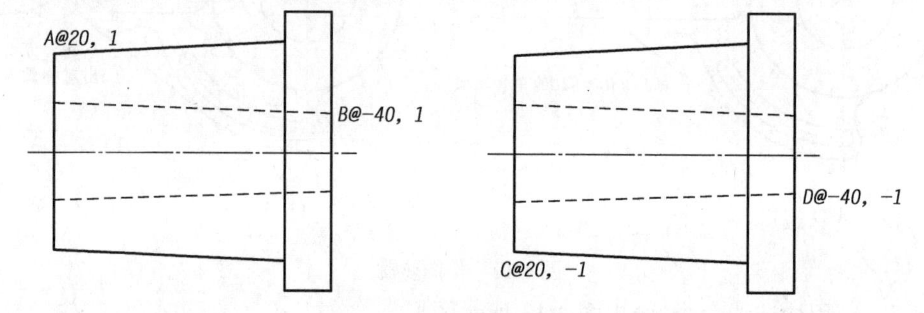

图 4-16 画锥度线步骤

(1)指定通过的点,即在键盘上输入:@ 20,1。

(2)剪去两边多余的线。

(3)以相同方式画出另三条斜度线,即以 *B* 点为开始点,通过点为@ -40,1,又以 *C* 点为开始点,通过点为@ 20,-1,再以 *D* 点为开始点,通过点为@ -40,-1,修剪多余的线。

题 4-9 应用构造线命令,画出图 4-17 所示图形。

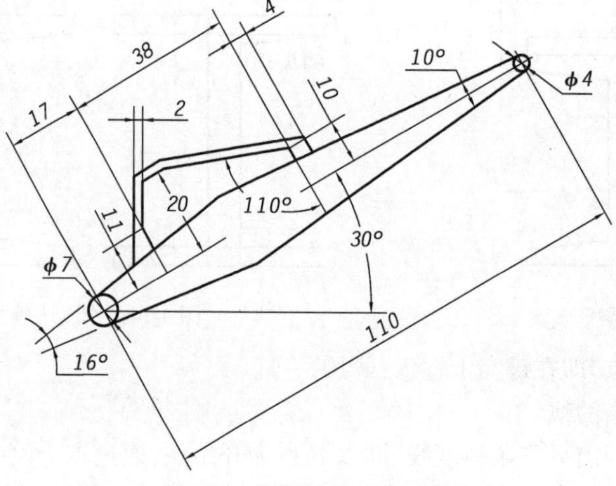

图 4-17 用构造线命令画图

提示　本例中的难点是互为16°的两相交斜线和互为10°的两相交斜线。构造线命令不仅可以完成斜度线、锥度线，还可以用构造线的选项功能完成角度线。作图步骤如下：

(1)画 *AB* 线段及两端直径分别为 $\Phi7$ 和 $\Phi4$ 的圆。

(2)xline 指定点或[水平(H)/垂直(V)/角度(A)/二等分(B)/偏移(O)]:A(回车)。

输入构造线的角度(0)或[参照(R)]:R

选择直线对象:选择 *AB* 线段

输入构造线的角度 <0>:8

指定通过点:在点 *A* 即 $\Phi7$ 圆的圆心处单击并回车。

(3)将作出的构造线偏移3.5 mm，使之与 $\Phi7$ 圆相切。并以 *AB* 作为镜像线，镜像画出另一侧的构造线。

(4)以相同方式画出 $\Phi4$ 圆互为10°的斜线。

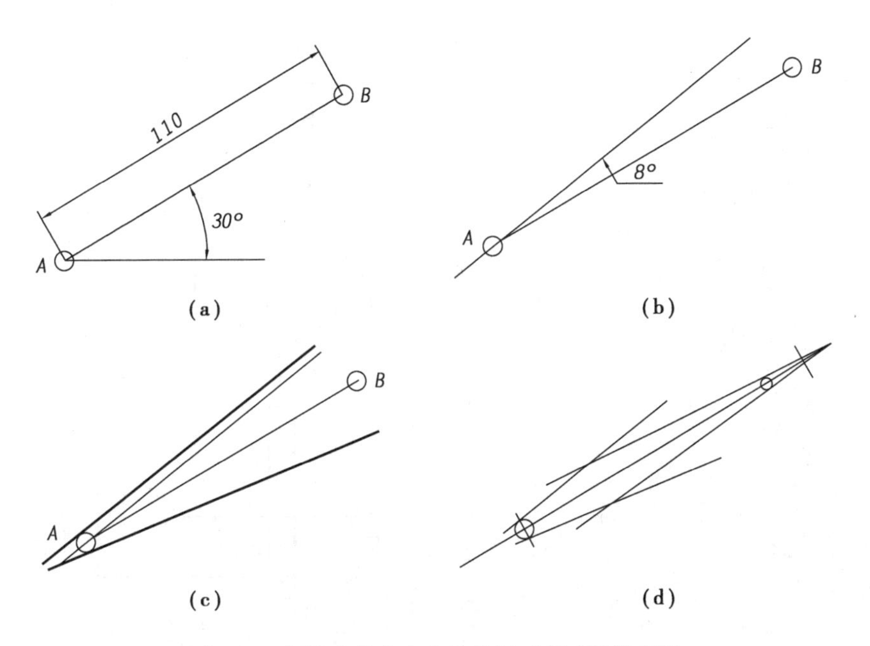

图4-18　用构造线命令中的参照对象画斜线步骤

4.4　几何图形绘制训练

画出图4-19所示图形。

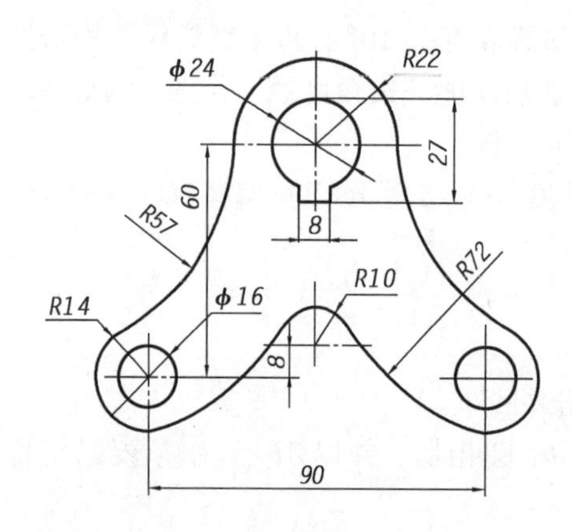

图 4-19　几何作图训练 1

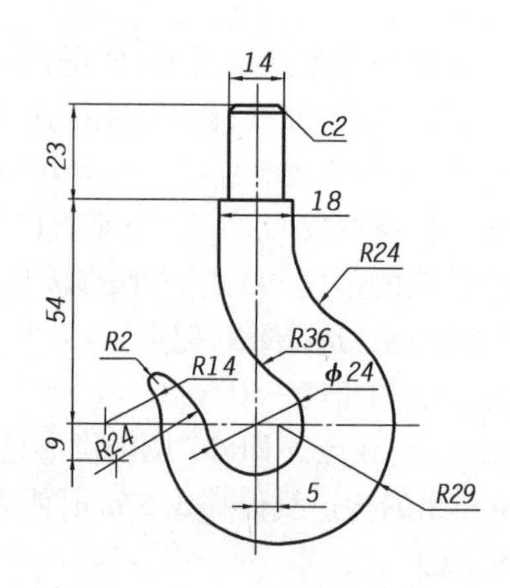

图 4-20　几何作图训练 2

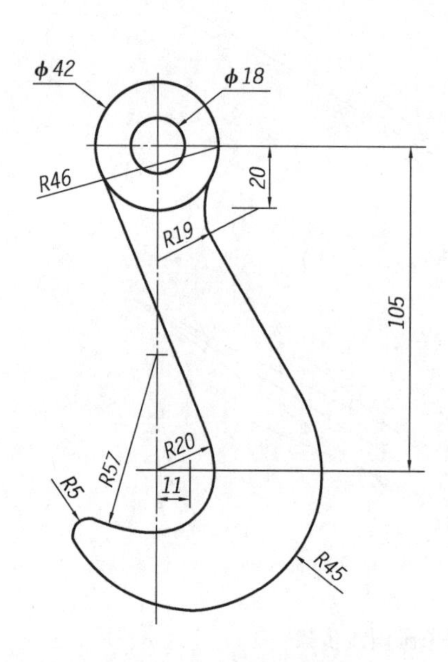

图 4-21　几何作图训练 3

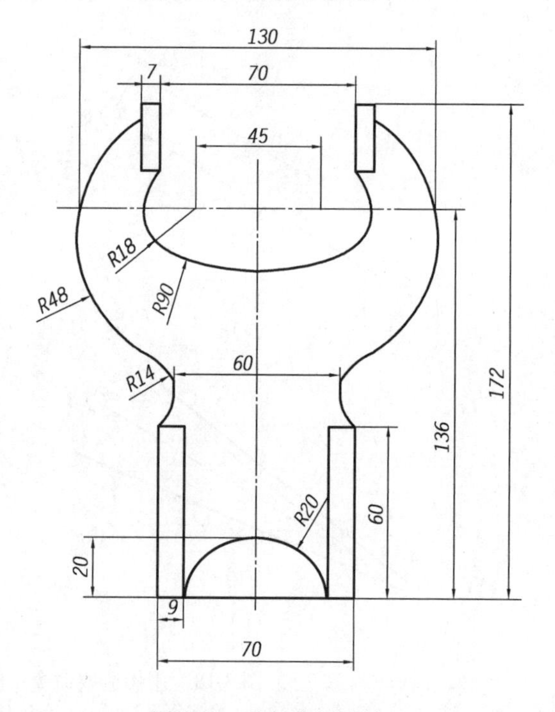

图 4-22　几何作图训练 4

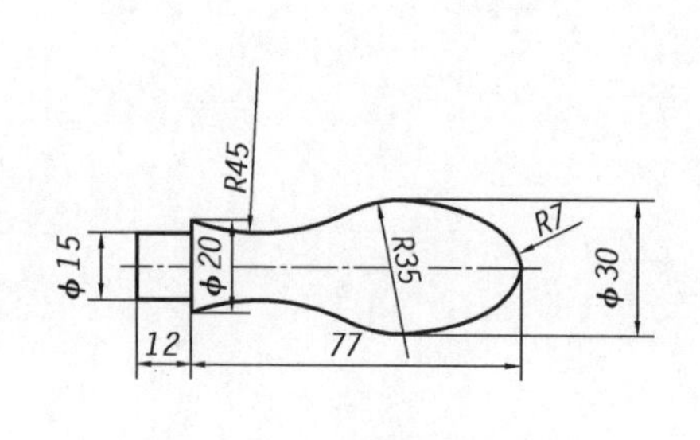

图 4-23　几何作图训练 5

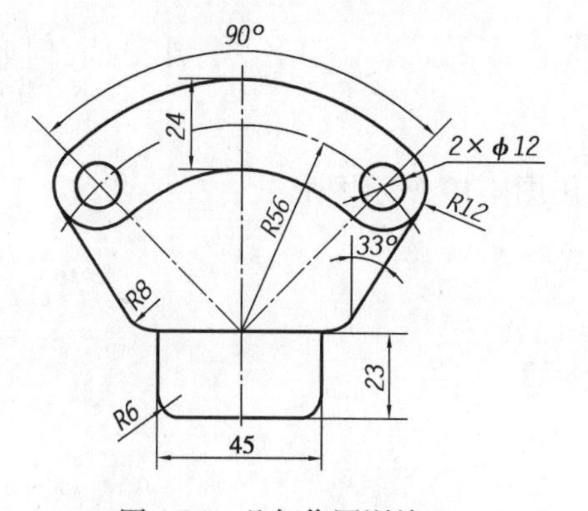

图 4-24　几何作图训练 6

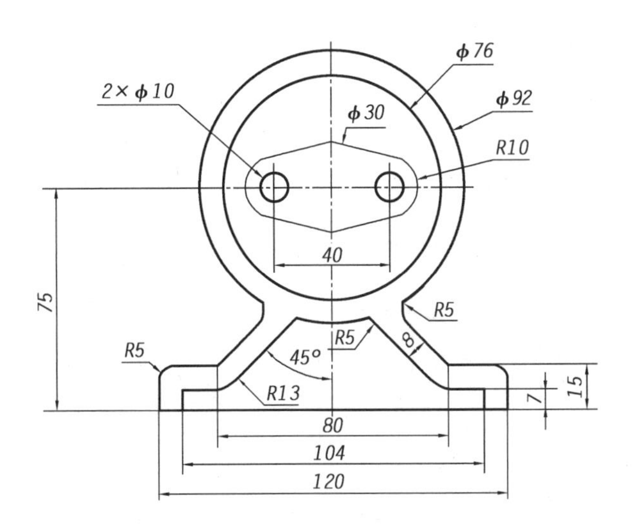

图4-25　几何作图训练7

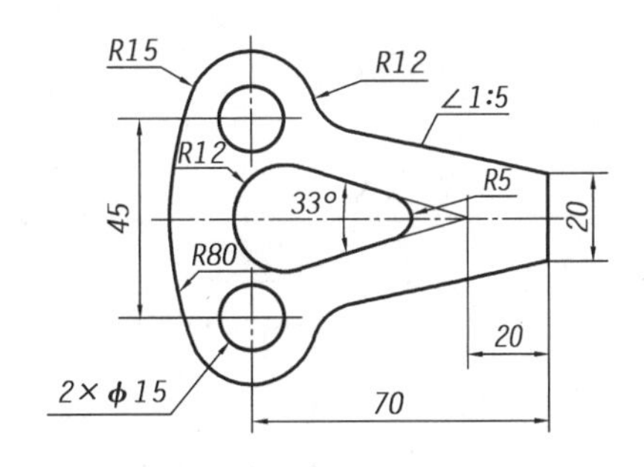

图4-26　几何作图训练8

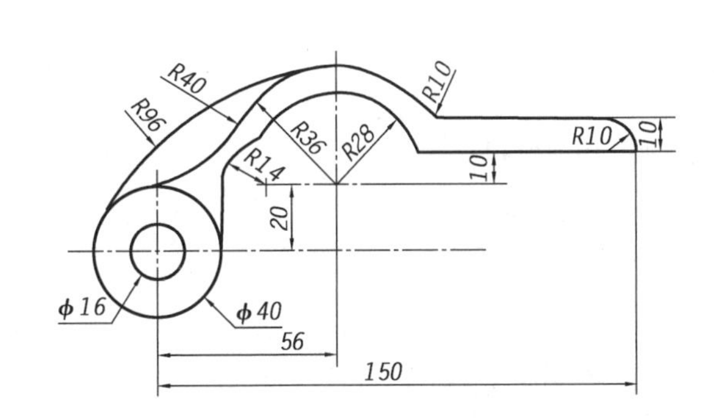

图4-27　几何作图训练9

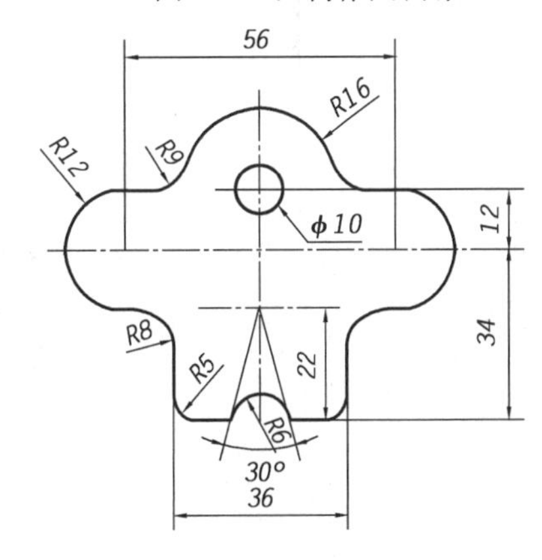

图4-28　几何作图训练10

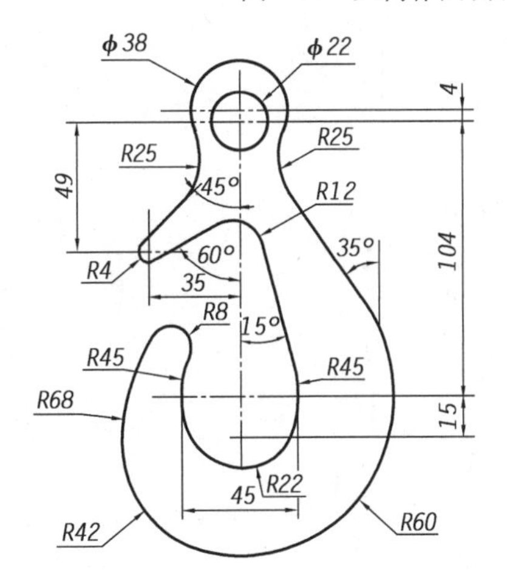

图4-29　几何作图训练11

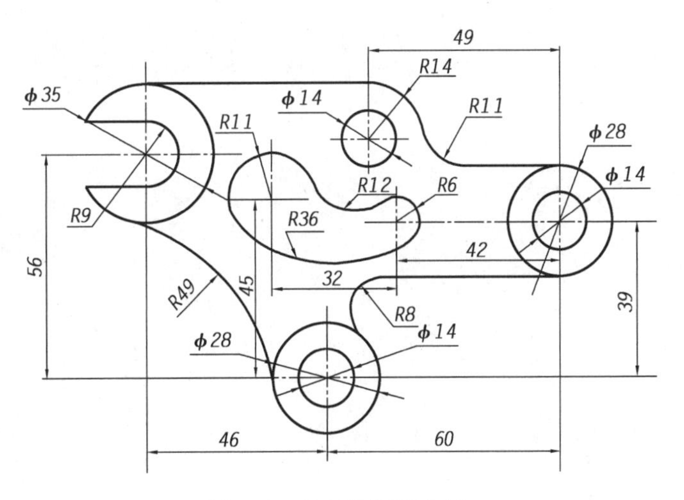

图4-30　几何作图训练12

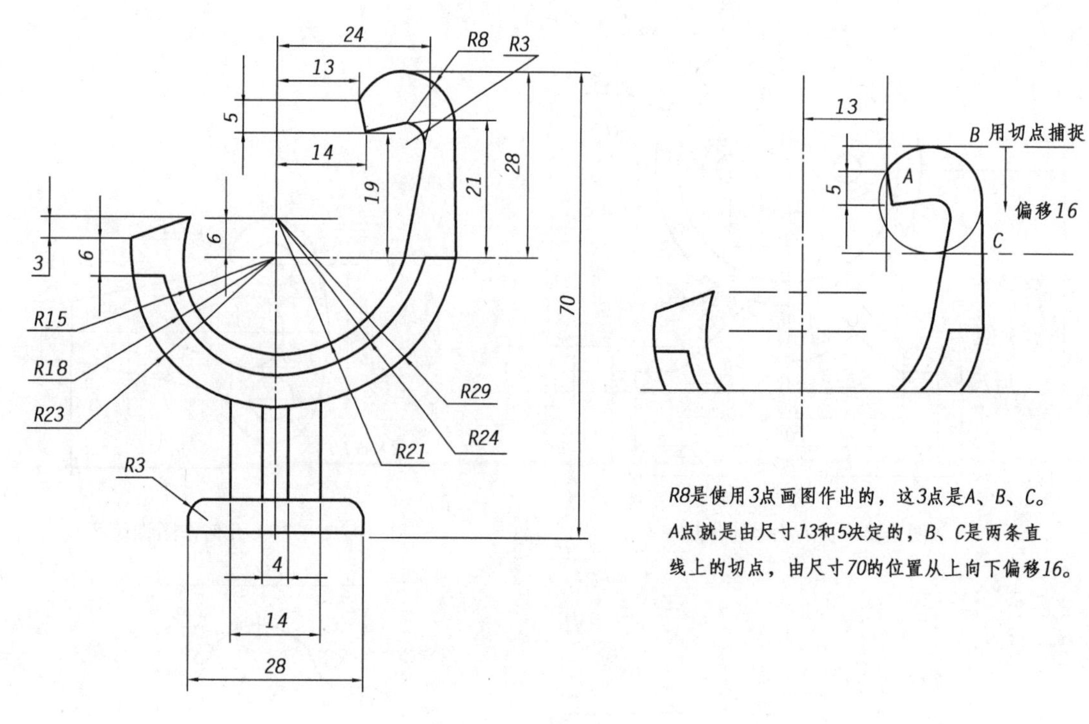

图 4-31　几何作图训练 13

第 5 章
AutoCAD 零件图绘制

零件图的绘制是在三视图绘制的基础上加入了表达方法的运用，主要是剖视图的运用；同时加入了文字注释、尺寸标注和技术要求标注等。

5.1　剖视图绘制

剖视图的绘制是用 Hatch（填充）命令来实现的。图案填充选项卡如图 5-1 所示。

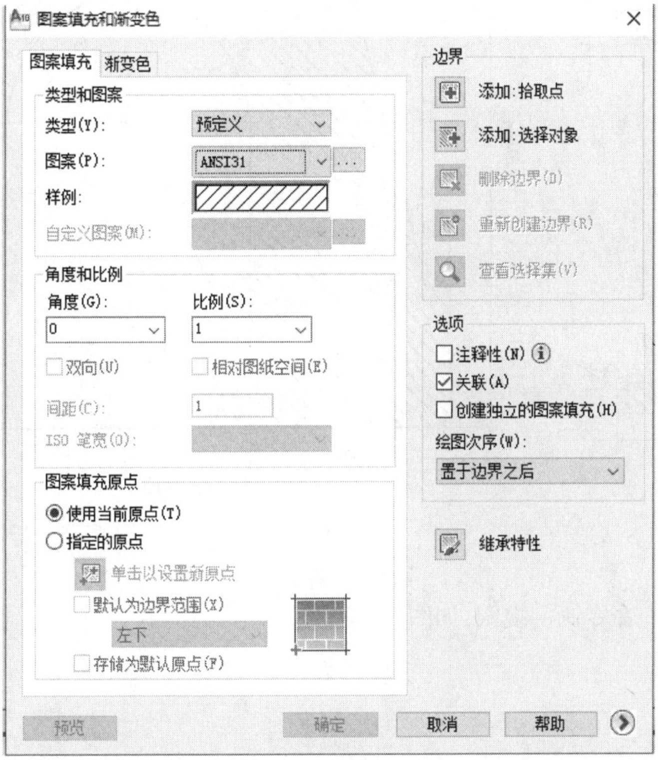

图 5-1　图案填充选项卡

提示 选择好类型、图案、角度和比例后，再通过添加拾取点（在封闭区域内部单击）方式或通过添加选择对象（选择封闭区域的边界）方式，回车确定就可填充。有时执行填充命令并选中要填充的图框后，系统弹出告示：未找到有效的图案填充边界。这表明看似封闭的图框实际上有豁口，须将豁口封闭。另，若填充图案的比例选取过小或过大，会出现图案一团黑或没有图案，这时要调整图案填充比例。

题 5-1 绘制图 5-2 所示图案。

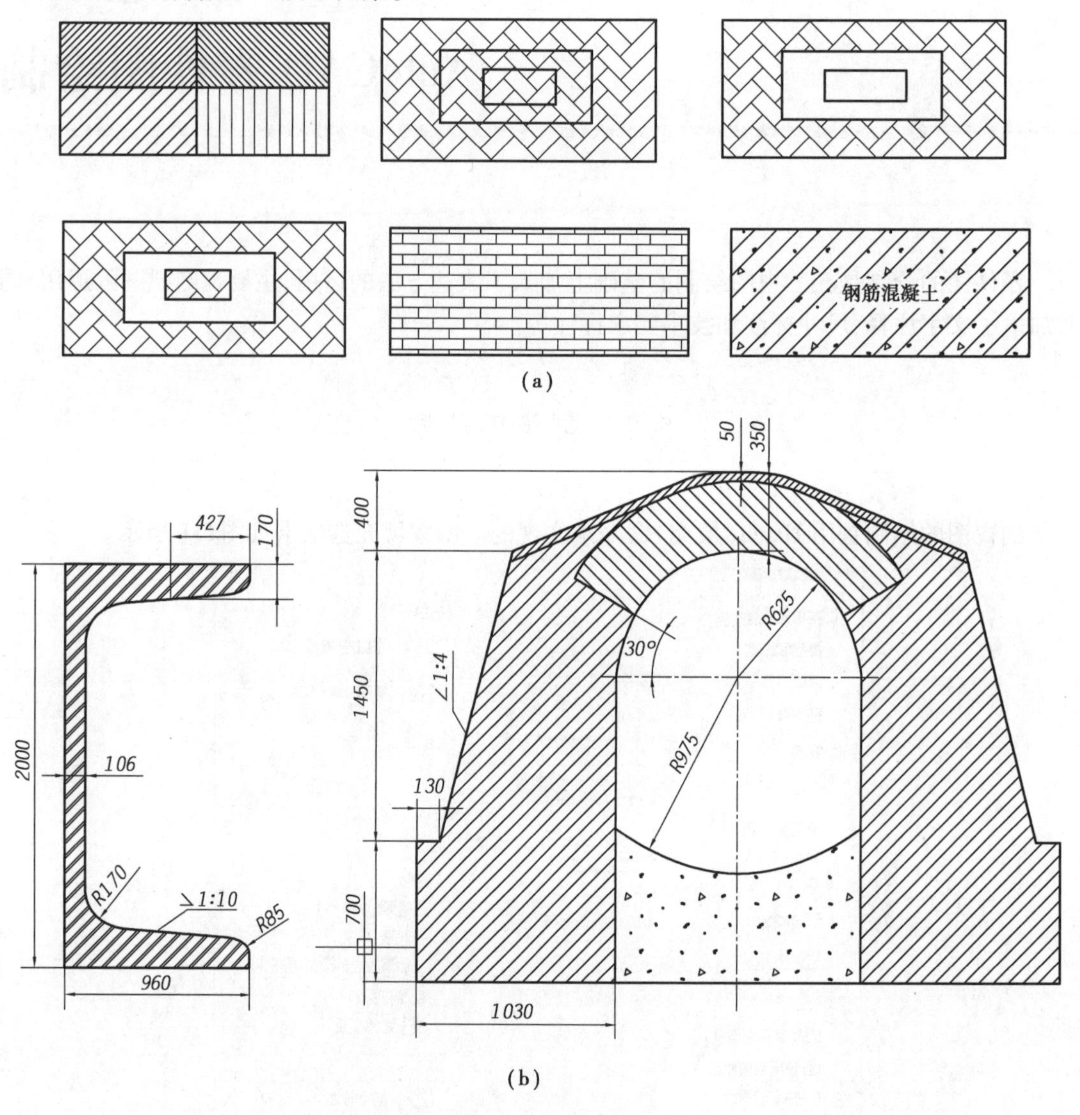

图 5-2 填充图案

题 5-2 用填充命令画剖视图，如图 5-3 所示。

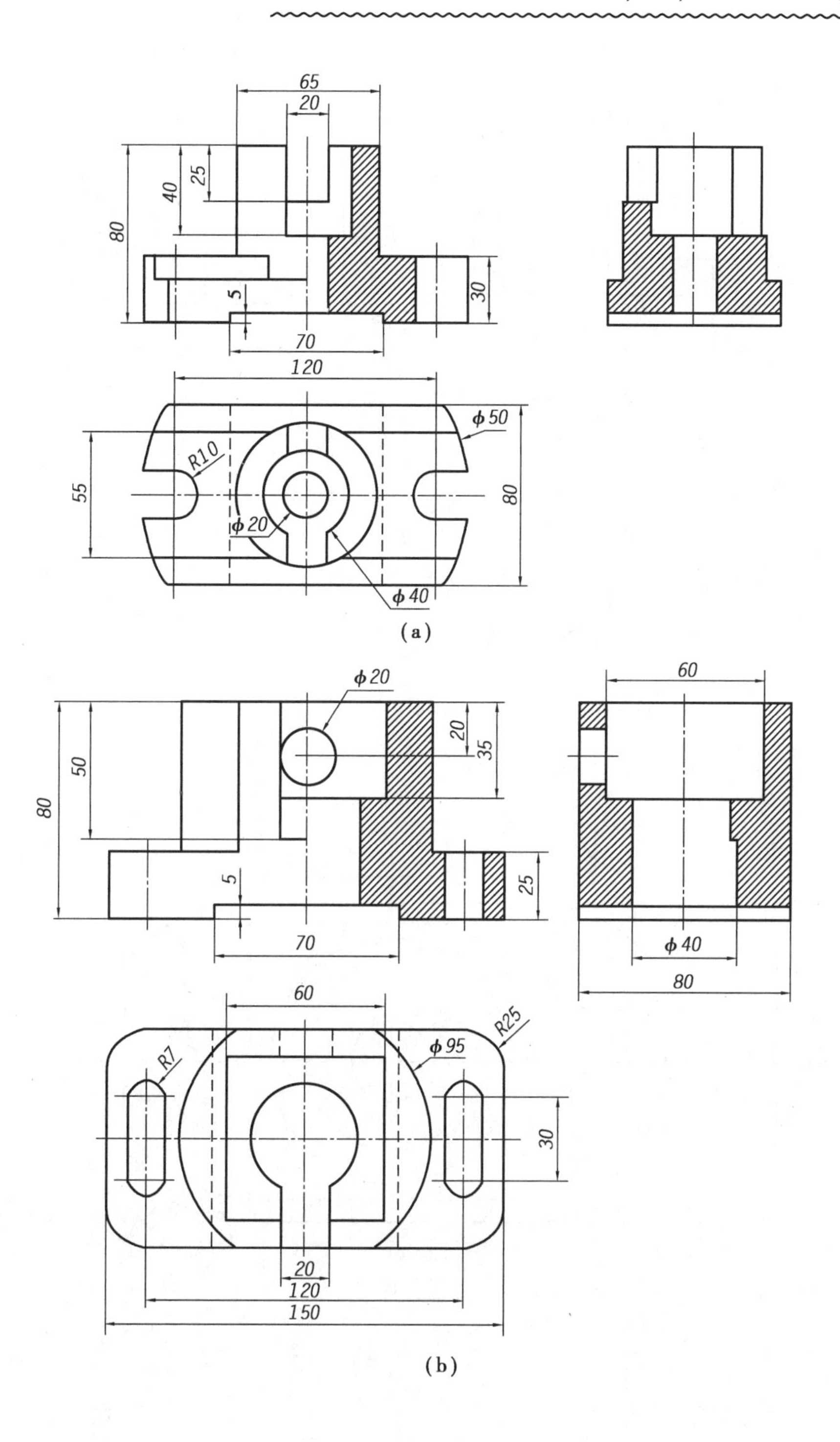
65
20
25
40
80
5
30
70
120
φ50
R10
55
80
φ20
φ40
φ20
20
35
50
80
5
25
70
60
φ40
80
60
R25
φ95
R7
30
20
120
150

(a)

(b)

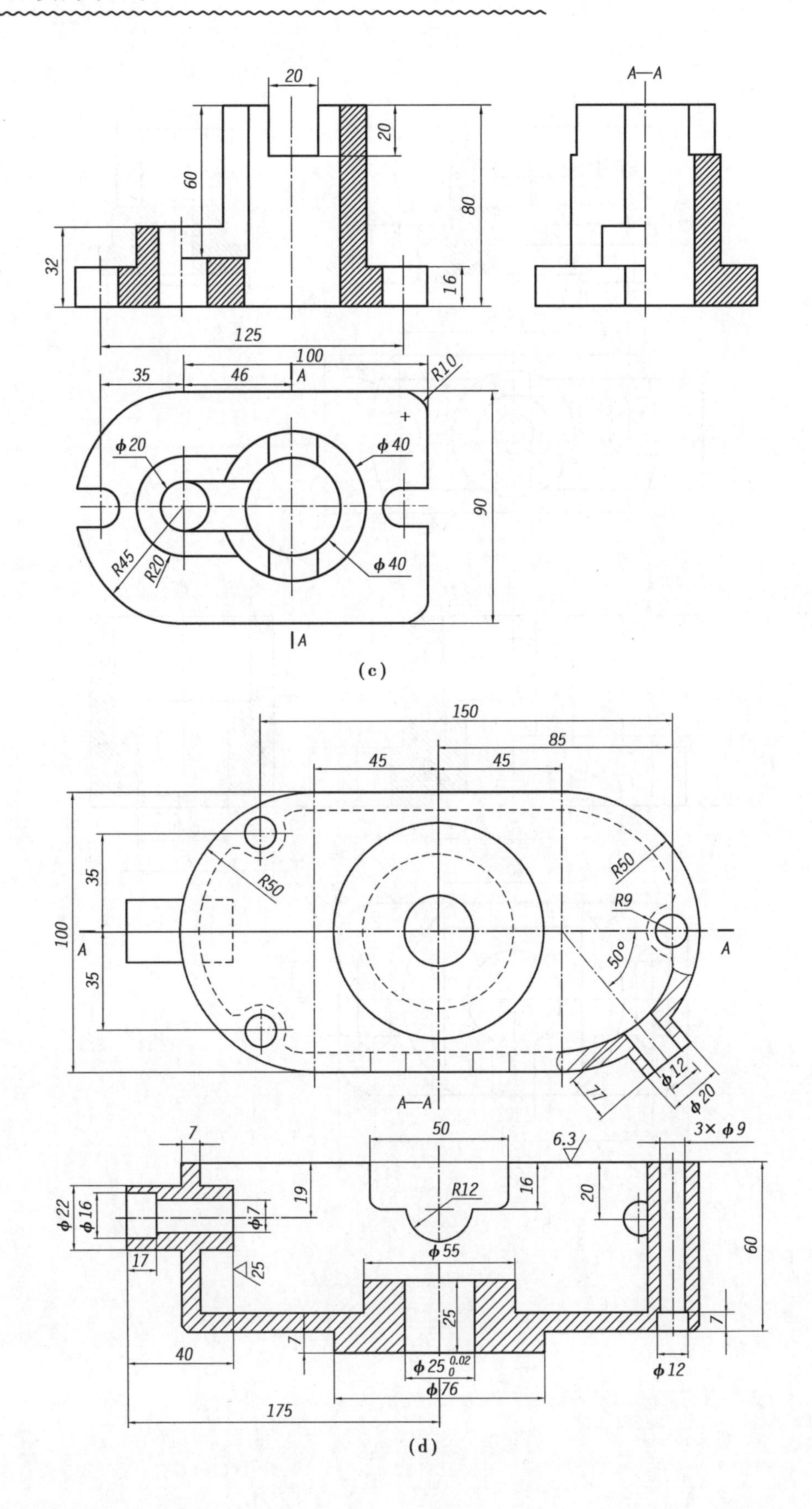
20
A—A
20
60
80
32
16
125
100
35
46
A
R10
ϕ20
ϕ40
90
R45
R20
ϕ40
A
150
85
45
45
35
R50
R50
R9
100
A
A
50°
35
ϕ12
17
ϕ20
A—A
7
50
6.3
3×ϕ9
19
R12
16
20
ϕ22
ϕ16
ϕ7
ϕ55
60
17
25
25
7
7
40
ϕ25 0.02 0
ϕ12
ϕ76
175

(c)

(d)

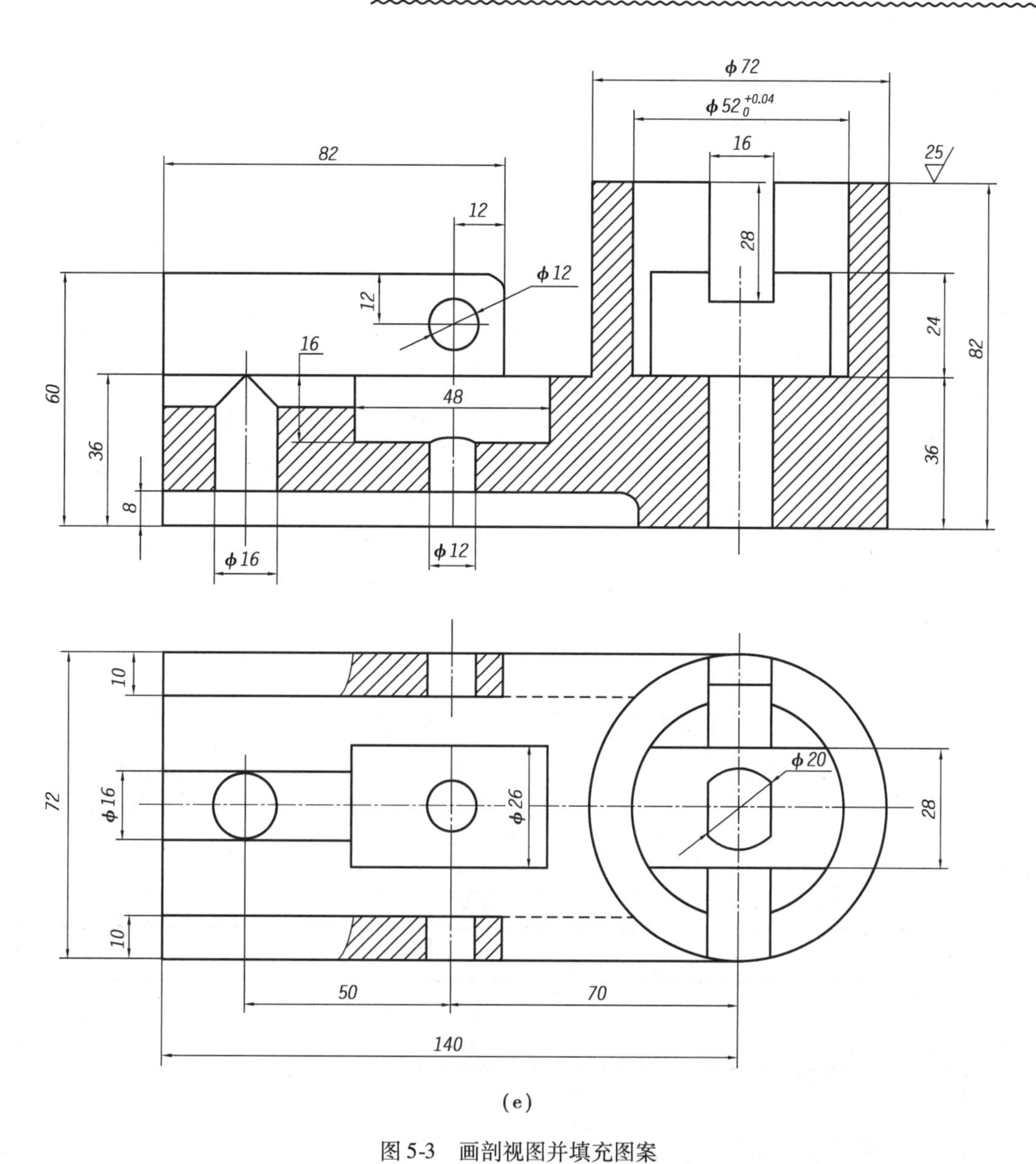

(e)

图5-3　画剖视图并填充图案

题5-3　看懂如图5-4所示的三视图,把主视图改画成全剖视图,左视图改画成半剖视图。

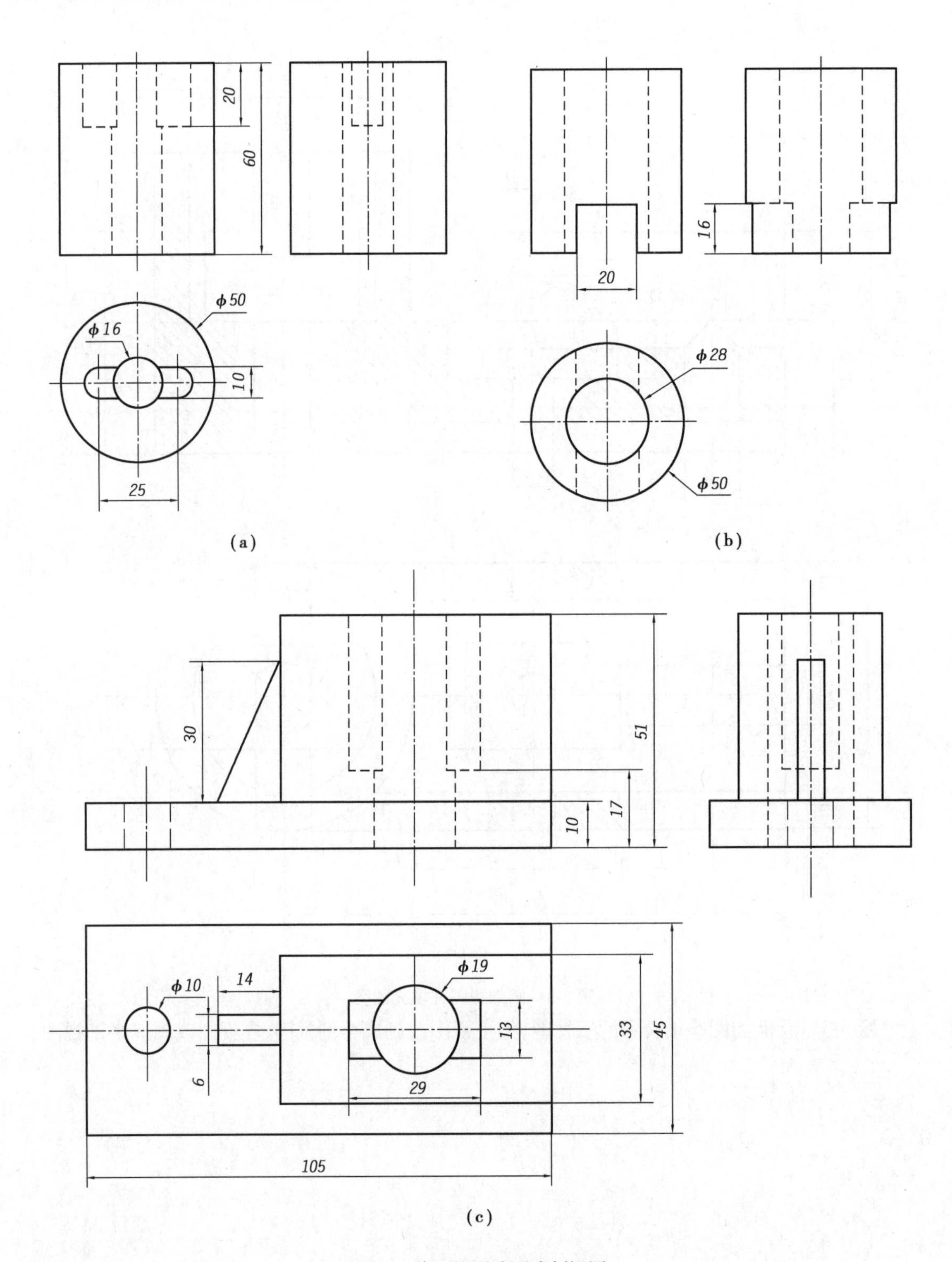

图 5-4　将三视图改画成剖视图

5.2　文字注写

文字注写是用 Text(文本)命令来实现的。

文字注写一般有以下步骤:

(1)首先设置文字样式,依次选择格式→文字样式,进入文字样式对话框,如图 5-5 所示。

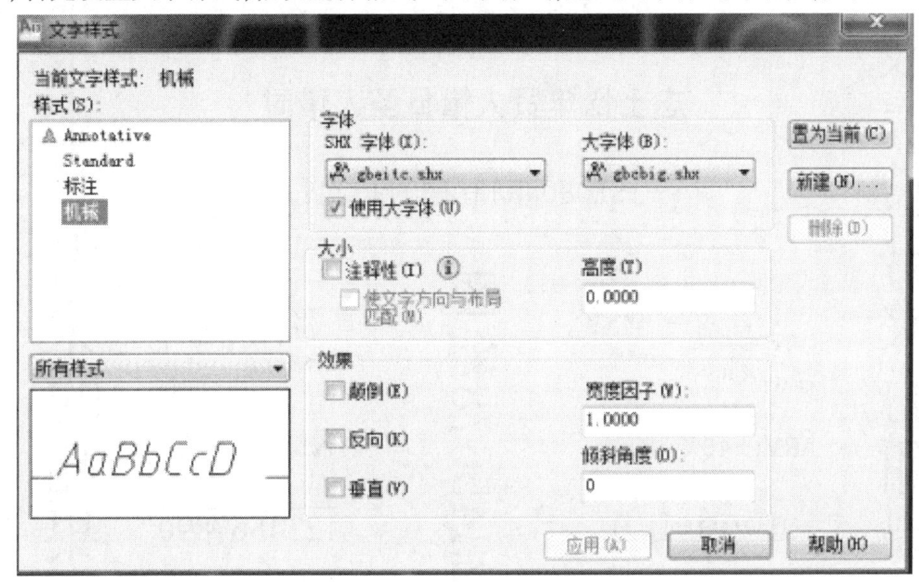

图 5-5　文字样式对话框

提示　文字的高度设置为 0.0000,是因为同一个图形文件对字高有不同的要求,若在"文字样式"对话框里设置了字高,则在图形中标注文字就不能更改为其他字高。机械工程图中的字高系列为 1.8,2.5,3.5,5,7,10,14,20 mm 等。根据《机械工程 CAD 制图规则》(GB/T 14665—2012)中关于图幅与字高之间的选用关系,A2、A3、A4 图幅中字母和数字高度取 3.5 mm,汉字高度取 5 mm;A0、A1 图幅中字母和数字高度取 5 mm,汉字高度取 7 mm。

(2)通过多行文字书写文字。

题 5-4　抄写图 5-6 中的文字。

提示　AutoCAD 中,"%%c"代表 ϕ,"%%p"代表 ±,图中带有"花"字的图案是通过镜像而来。当文字与图形一起镜像时且要求文字不反向,需要将系统变量"MIRRTEXT"由默认值 1 换成 0。

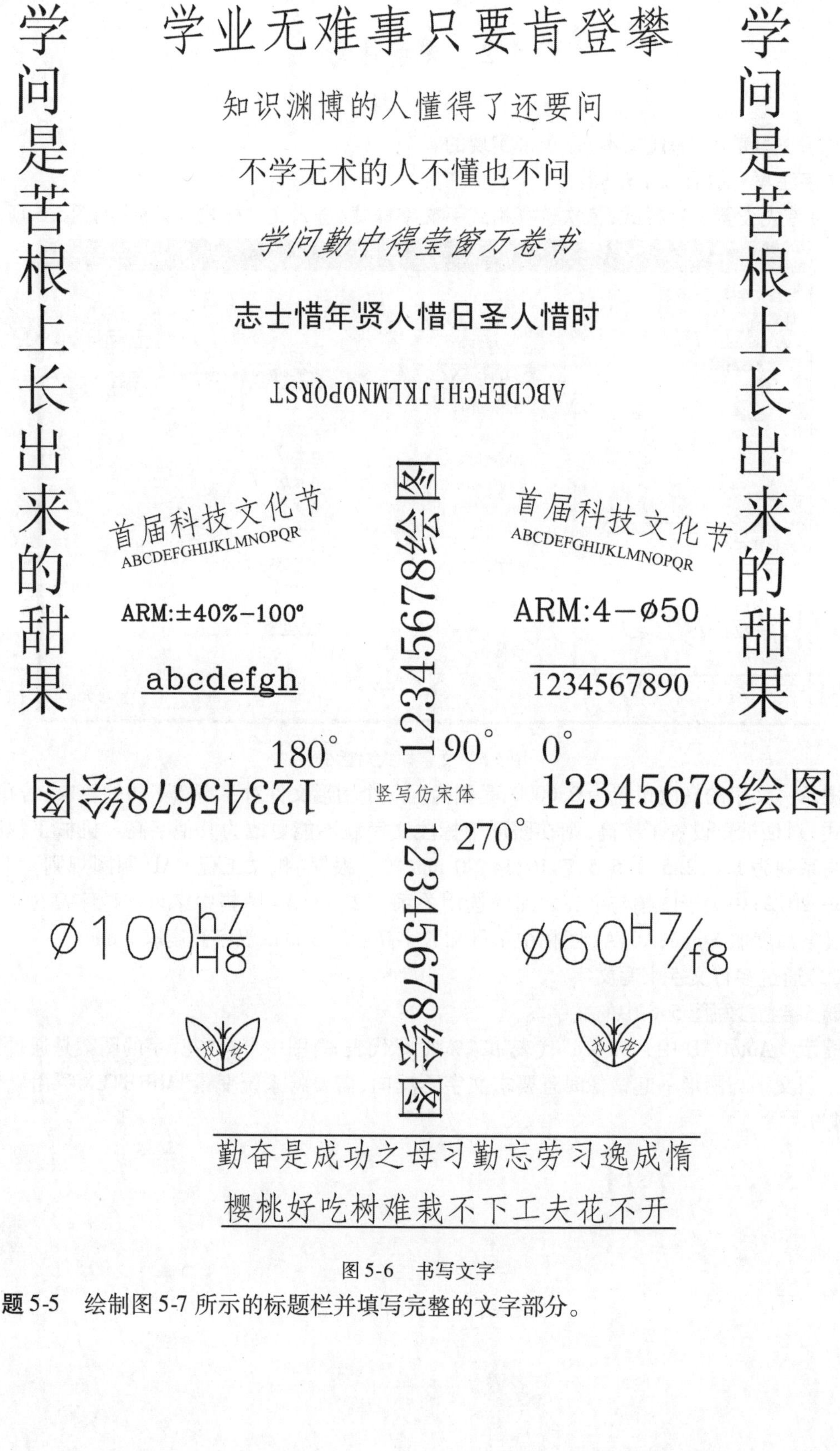

学问是苦根上长出来的甜果

学业无难事只要肯登攀

知识渊博的人懂得了还要问

不学无术的人不懂也不问

学问勤中得萤窗万卷书

志士惜年贤人惜日圣人惜时

ABCDEFGHIJKLMNOPQRST

首届科技文化节

ABCDEFGHIJKLMNOPQR

ARM:±40%−100°

abcdefgh

12345678绘图

首届科技文化节

ABCDEFGHIJKLMNOPQR

ARM:4−φ50

1234567890

180°　90°　0°

12345678绘图

竖写仿宋体

12345678绘图

270°

12345678绘图

$\phi100\frac{h7}{H8}$

$\phi60^{H7}/_{f8}$

花　花

花　花

学问是苦根上长出来的甜果

勤奋是成功之母习勤忘劳习逸成惰

樱桃好吃树难栽不下工夫花不开

图 5-6　书写文字

题 5-5　绘制图 5-7 所示的标题栏并填写完整的文字部分。

考生姓名		题号	
性别		比例	1:1
身份证号码		(考生单位)	
准考证号码			

图 5-7　画标题栏并标注文字

5.3　尺寸标注

5.3.1　调出尺寸标注工具条

将光标放在任一工具条上单击鼠标右键,从弹出的快捷菜单中选中“标注”。或通过视图-工具栏,选中“标注”,尺寸标注工具条如图 5-8 所示。

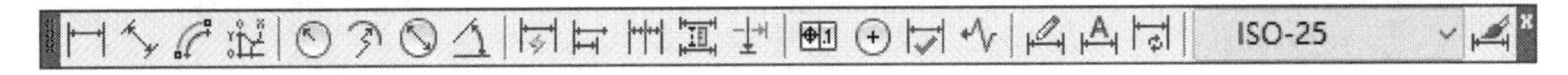

图 5-8　尺寸标注工具条

5.3.2　设置尺寸样式

设置尺寸样式步骤如下:

(1)新建“机械”样式。选择“格式”菜单下的“标注样式”,在弹出的如图 5-9 所示的“标注式样管理器”中单击“新建”按钮,弹出如图 5-10 所示“创建新标注样式”对话框,在“新样式名”中输入名称:机械。

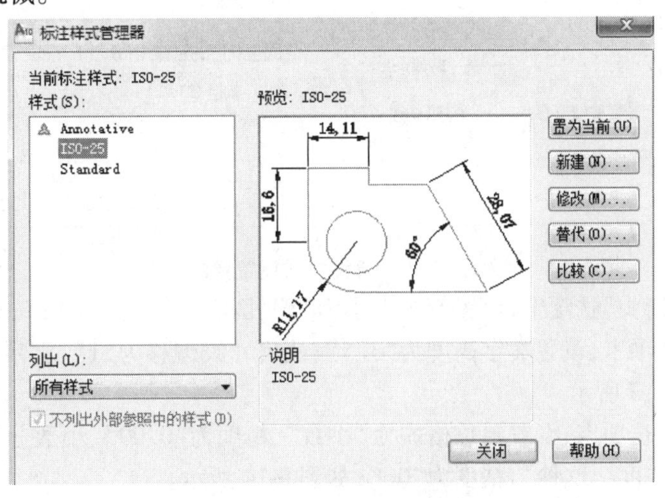

图 5-9　标注样式管理器

(2)设置“机械”标注样式的参数。单击“创建新标注样式”的“继续”按钮,在弹出的如图 5-11 所示的对话框中选择“线”选项卡,若以 A3 图纸图形 1:1的比例打印图形,则设置基线间距为“7”、超出尺寸线为“3”、起点偏移量为“0”。

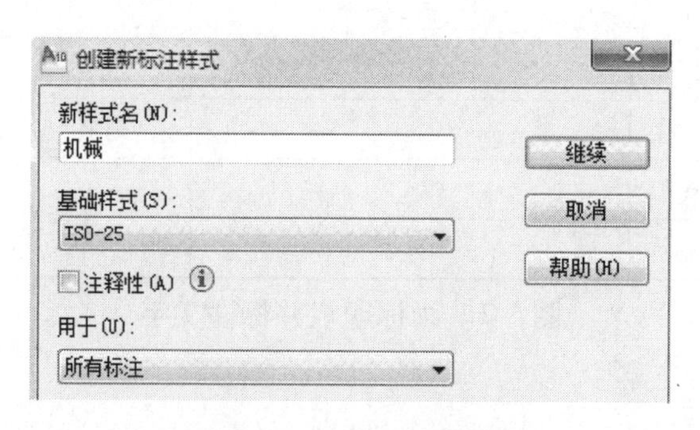

图 5-10　创建新标注样式

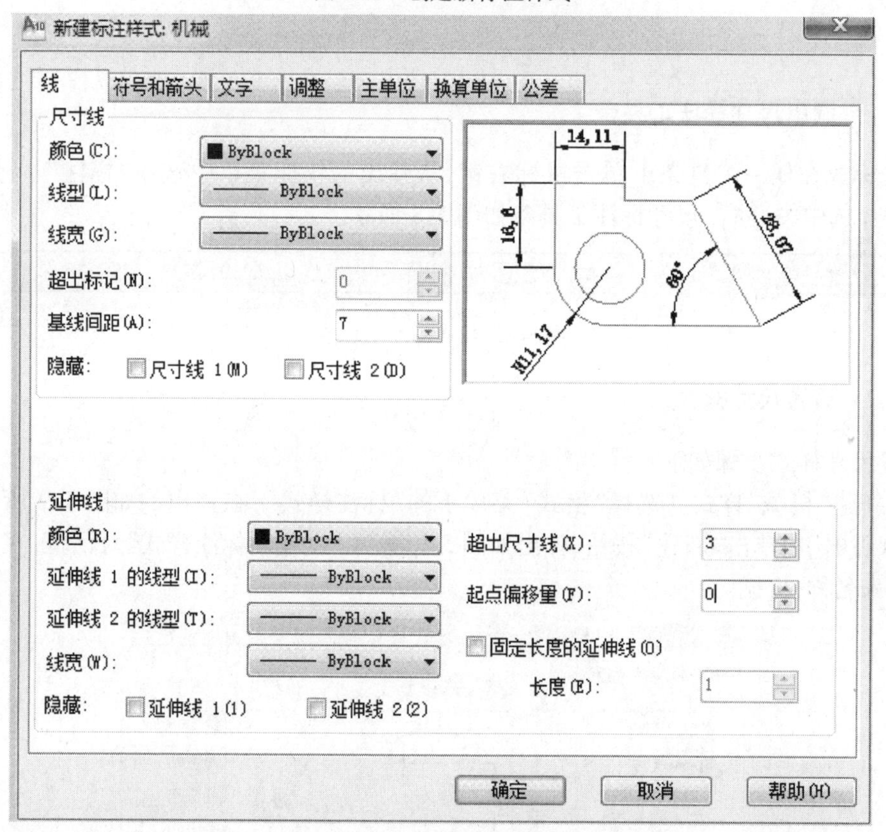

图 5-11　标注样式设置:线

选择“符号和箭头”选项卡,设置箭头大小为“3”,圆心标记大小为“3”,如图 5-12 所示。

选择“文字”选项卡,设置文字高度为“3.5”、从尺寸线偏移为“1”、文字对齐方式为“与尺寸线对齐”,如图 5-13 所示。

选择“主单位”选项卡,设置单位格式为“小数”、精度为“0.00”、小数分割符为“句点”、角度标注单位格式为“度/分/秒”、精度为“0d”,如图 5-14 所示。

完成之后单击“确定”按钮,回到“标注样式管理器”,如图 5-15 所示,“机械”样式设置完成。

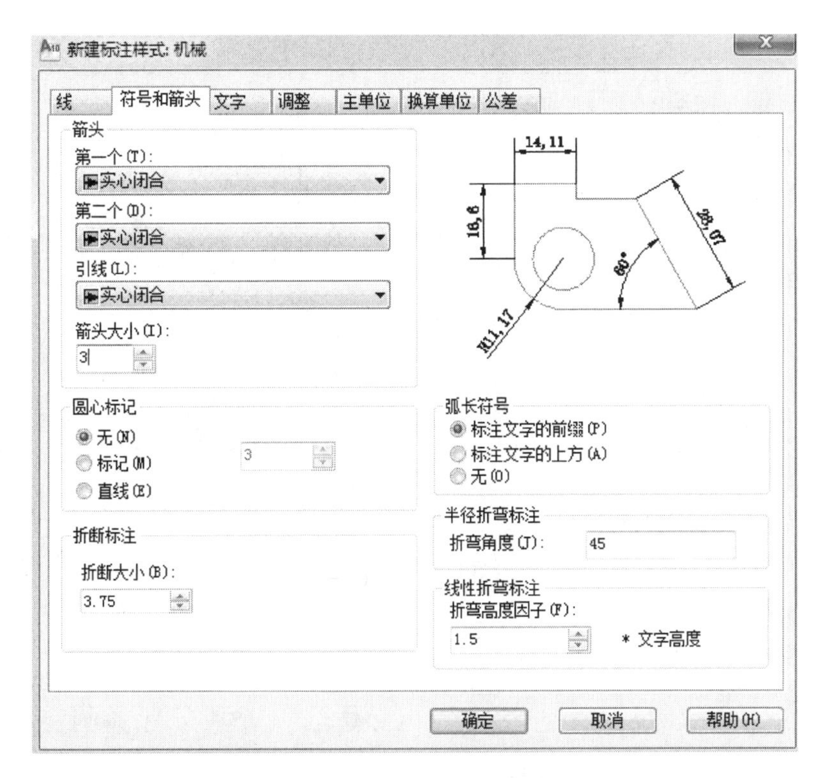

图 5-12　标注样式设置:符号和箭头

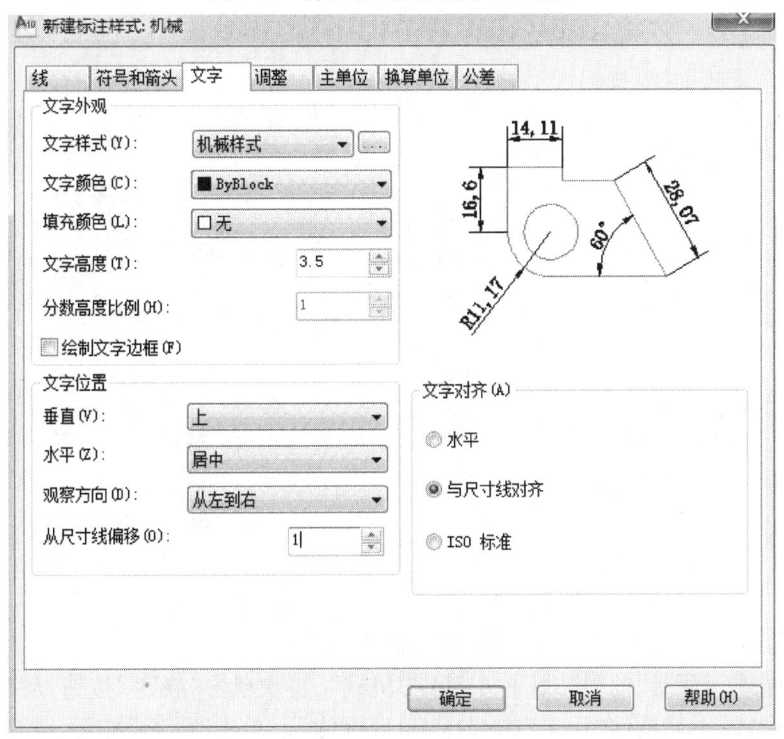

图 5-13　标注样式设置:文字

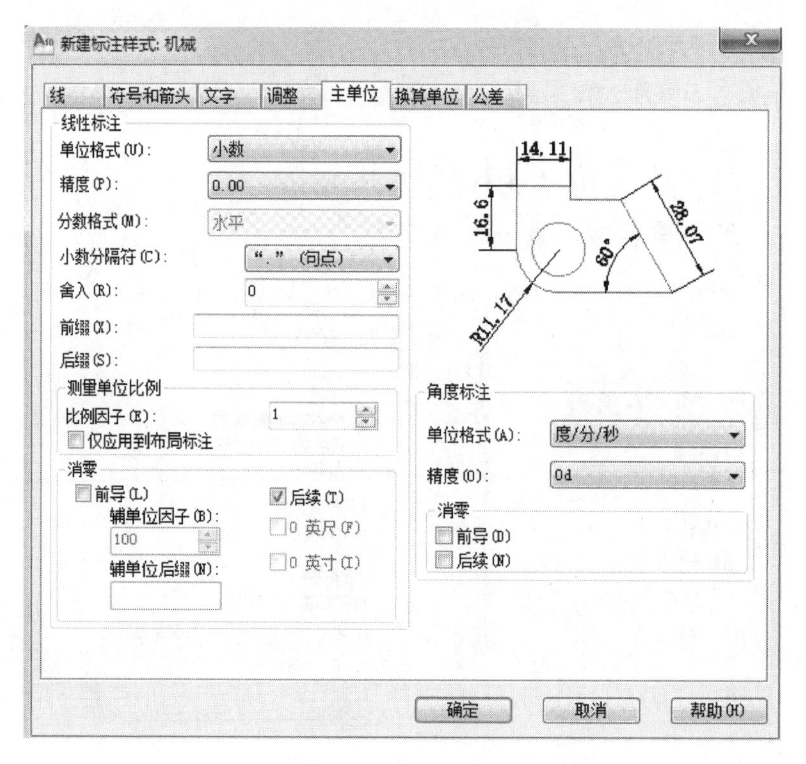

图 5-14　标注样式设置:主单位

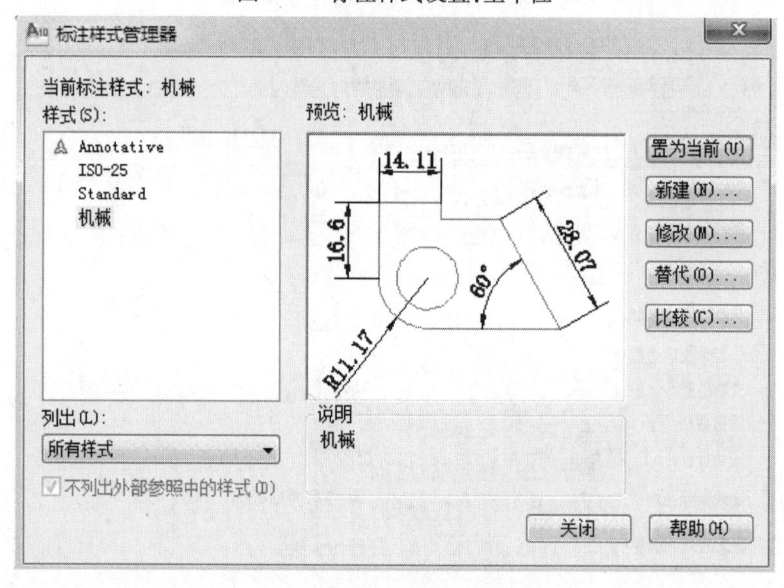

图 5-15　完成“机械”样式设置

(3)在“机械”标注样式下,建立“角度”标注子样式。

在“标注样式管理器”的“样式”栏中选中“机械”,再次单击“新建”按钮,从弹出的图 5-16“创建新标注样式”对话框的“用于”中选择“角度标注”。单击“继续”按钮,弹出如图 5-17 所示的对话框,其大部分参数的设置与上述尺寸参数相同,只是“文字”标签中的“文字对齐”框中选择“水平”,如图 5-17 所示。

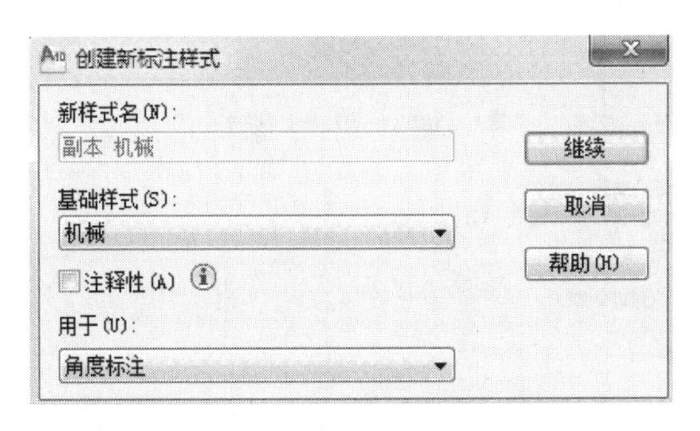

图 5-16　创建新标注样式:角度

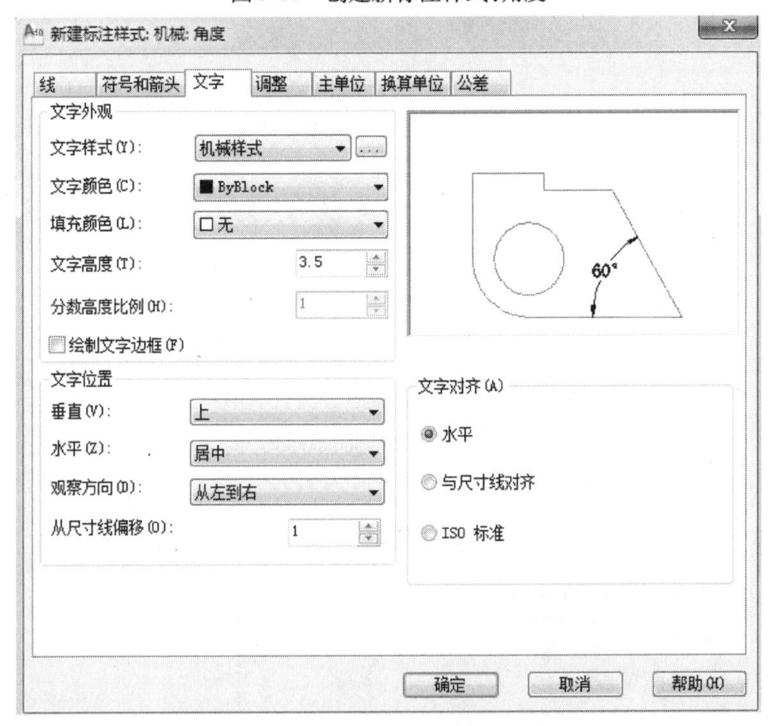

图 5-17　角度文字标注子样式

(4)在“机械”标注样式下建立“半径”标注子样式。

半径标注子样式要在“调整”标签框里设置,操作步骤与建立“角度标注”相同,设置内容如图 5-18 所示。

(5)在“机械”标注样式下建立“直径”标注子样式。

其操作步骤同建立“半径”标注子样式相同,但需在“调整”和“文字”选项卡中设置相关参数,设置内容如图 5-19、图 5-20 所示。

完成后的总体设置样式如图 5-21 所示。选中机械样式,把它设为当前样式,就可以用它进行标注。

图 5-18　半径标注子样式

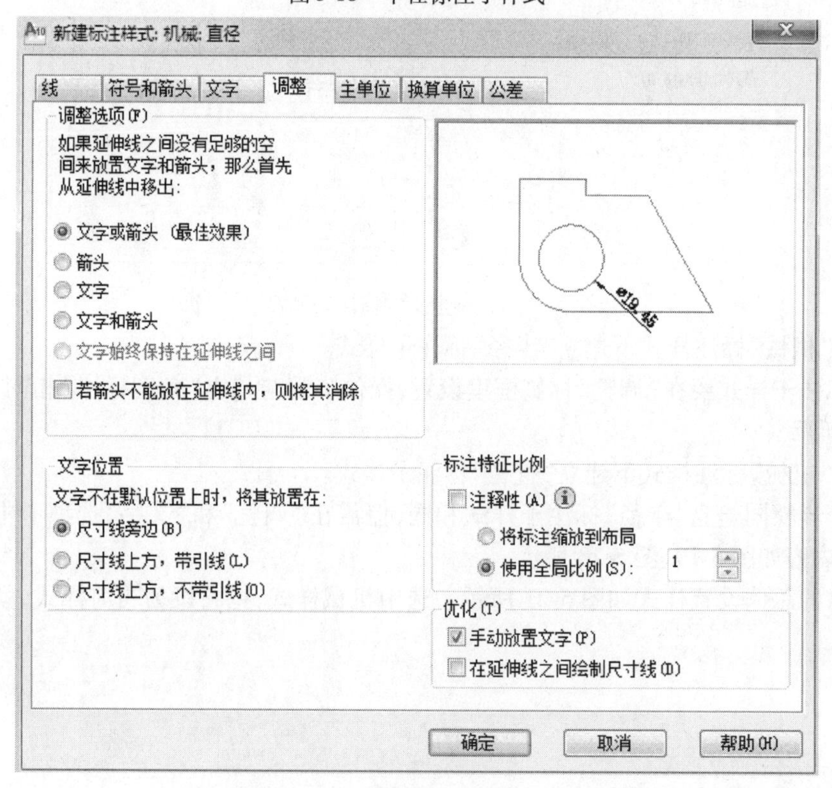

图 5-19　直径标注子样式:调整

图 5-20　直径标注子样式:文字

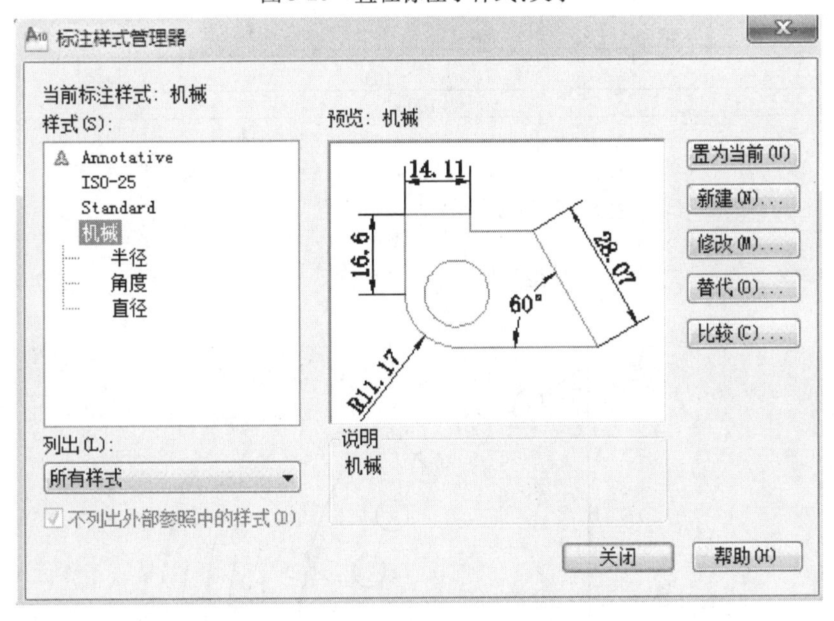

图 5-21　完成标注样式的设置

5.3.3　标注各种类型尺寸

题 5-6　抄画图 5-22,练习基本尺寸标注。

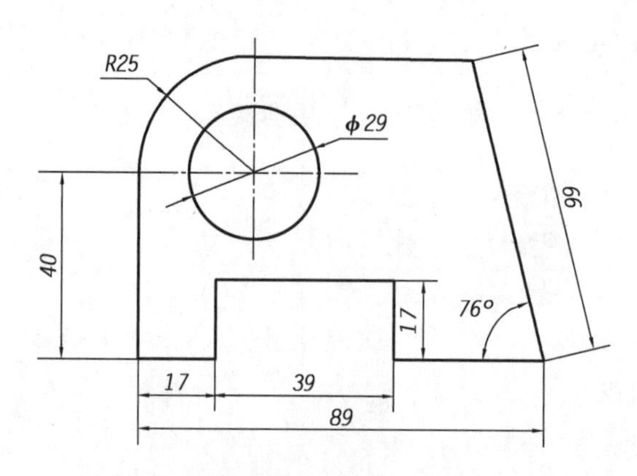

图 5-22 基本尺寸标注

提示 尺寸 40,17,39,89 采用线性标注;尺寸 66 采用对齐标注;尺寸 *R*25 采用半径标注;尺寸 ϕ129 采用直径标注;尺寸 76 采用角度标注。

题 5-7 抄画图 5-23、图 5-24 和图 5-25,练习基准尺寸和连续尺寸的标注。

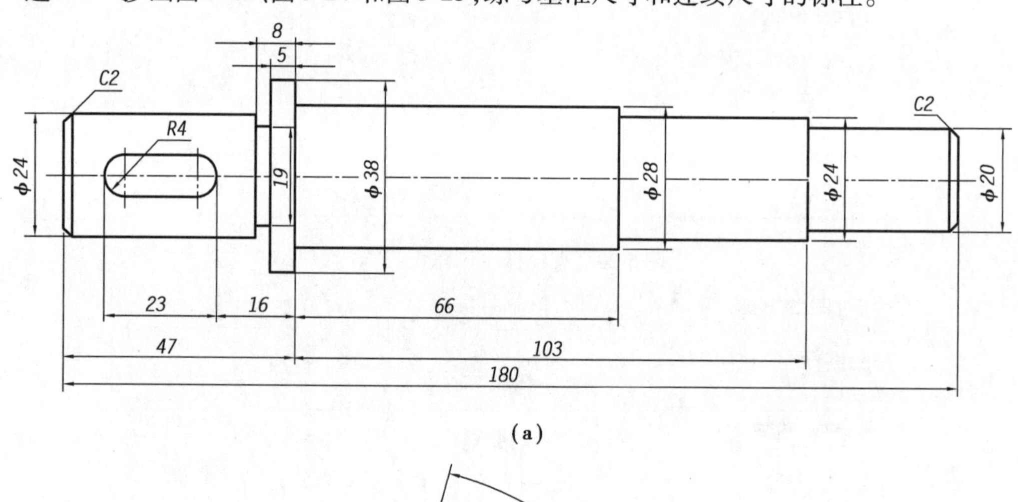

(a)

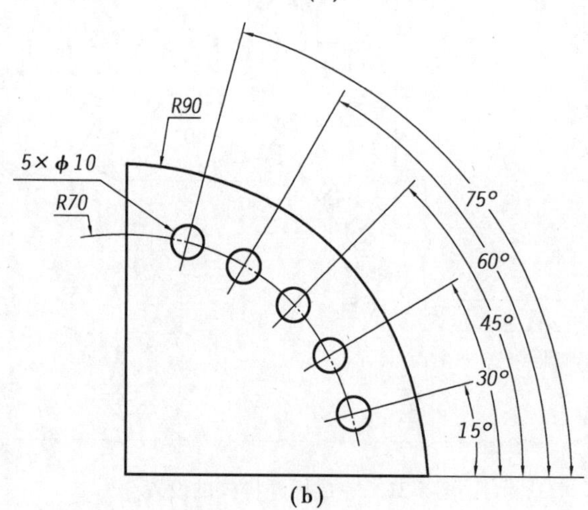

(b)

图 5-23 基准尺寸标注

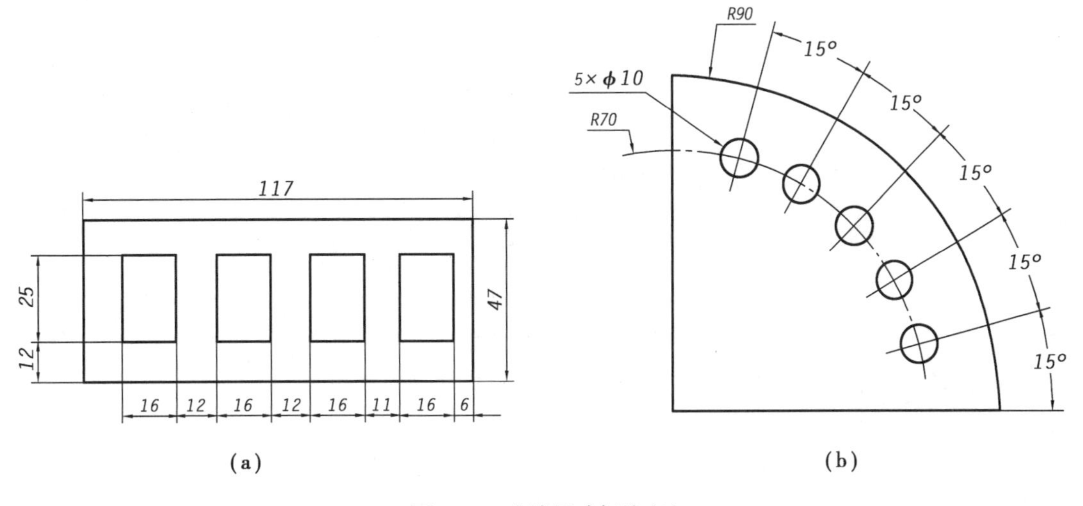

图 5-24　连续尺寸标注(1)

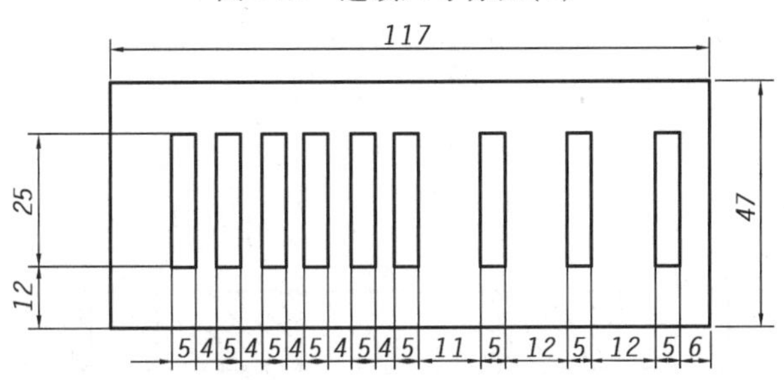

图 5-25　连续尺寸标注(2)

提示　图 5-25 中连续标注里的“点箭头”,是通过在“标注样式管理器”对话框里单击“替代”按钮,进入“符号和箭头”标签中临时设置的。它只对当前正在标注的图形作“小点”标注,不影响先前标注风格。若进入“修改”中设置,将会使所有标注里的箭头都变成“小点”箭头。

题 5-8　抄画图 5-26,练习公差尺寸的标注。

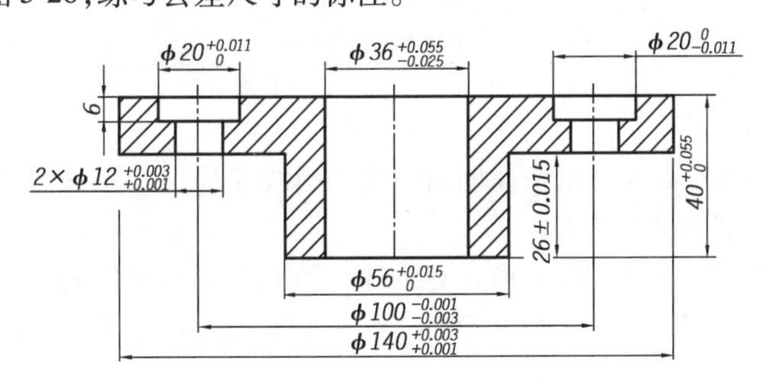

图 5-26　公差尺寸标注

提示　(1)公差尺寸的标注。

命令:_dimlinear

指定第一条延伸线原点或 <选择对象>:

指定第二条延伸线原点:

指定尺寸线位置或[多行文字(M)/文字(T)/角度(A)/水平(H)/垂直(V)/旋转

(R)]:m

此时,屏幕出现“文字格式”对话框,输入尺寸数值及其上、下极限偏差数值,上、下极限偏差数值用符号“^”隔开,选中上、下极限偏差数值和间隔符号,单击“文字格式”中的$\frac{b}{a}$堆叠选项,将上下偏差的标注形式显示出来,如图 5-27 所示。

图 5-27 标注上下偏差

(2)公差尺寸的修改。在命令行里输入“DDedit”,选中要修改的尺寸,在出现的“文字格式”对话框中可对原有的尺寸标注进行编辑,包括编辑偏差尺寸。

题 5-9 抄画图 5-28,练习用 QLeader 命令标注尺寸。

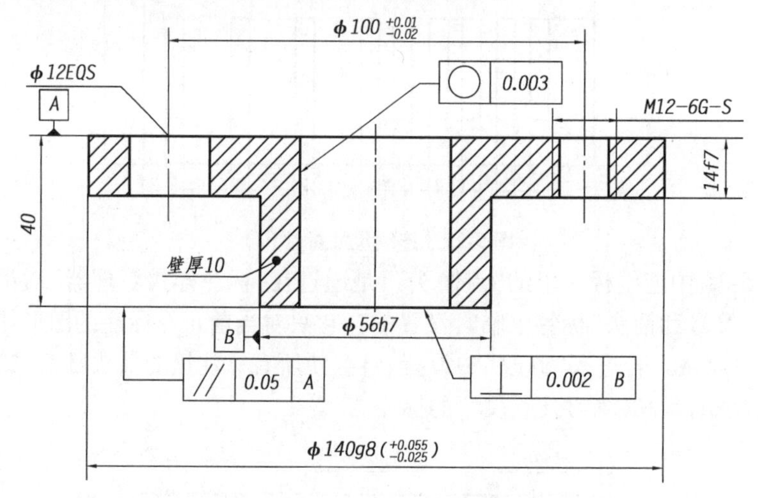

图 5-28 用 QLeader 命令标注

提示 使用 QLeader 命令可以快速创建引线和引线注释,在“引线设置”对话框中设置注释类型,可以标注引线和几何公差。

(1)ϕ12*EQS* 的标注:在命令行中输入 QLeader 命令,然后选择“设置”,“引线设置”对话框如图 5-29 所示:“注释”类型选“多行文字”;“箭头”选“无”;“附着”勾选“最后一行加下划线”。

(2)几何公差的标注:在命令行中输入 QLeader 命令,然后选择“设置”,按如图 5-30 所示进行设置:“注释”类型选“公差”。

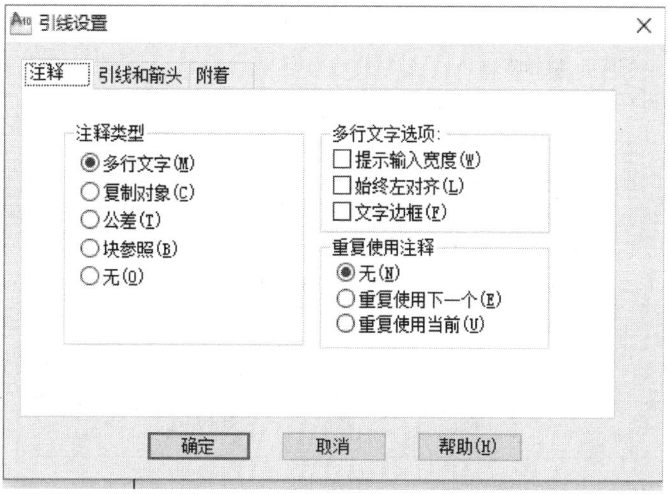

引线设置

注释　引线和箭头　附着

注释类型

◉多行文字(M)

○复制对象(C)

○公差(T)

○块参照(B)

○无(O)

多行文字选项:

☐提示输入宽度(W)

☐始终左对齐(L)

☐文字边框(F)

重复使用注释

◉无(N)

○重复使用下一个(E)

○重复使用当前(U)

确定　取消　帮助(H)

(a)

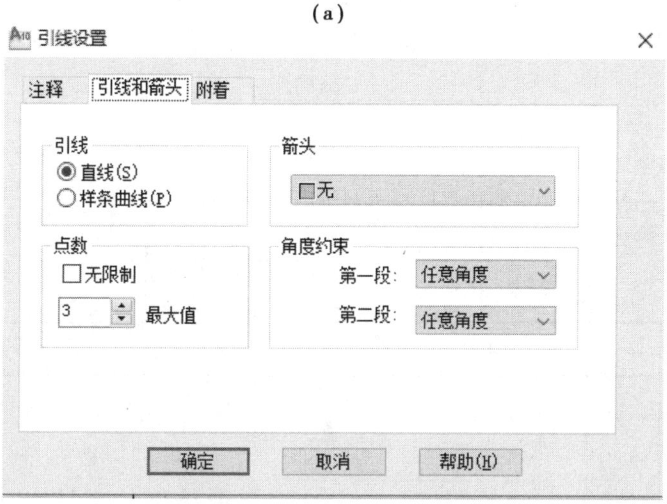

引线设置

注释　引线和箭头　附着

引线

◉直线(S)

○样条曲线(P)

箭头

无

点数

☐无限制

3　最大值

角度约束

第一段:　任意角度

第二段:　任意角度

确定　取消　帮助(H)

(b)

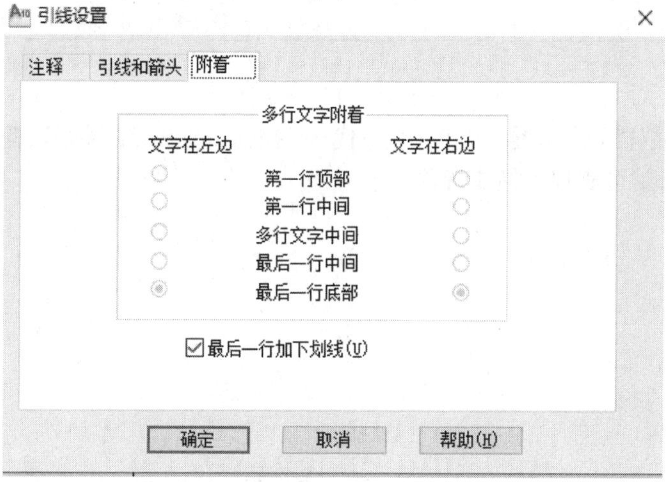

引线设置

注释　引线和箭头　附着

多行文字附着

文字在左边　文字在右边

第一行顶部

第一行中间

多行文字中间

最后一行中间

最后一行底部

☑最后一行加下划线(U)

确定　取消　帮助(H)

(c)

图 5-29　引线设置

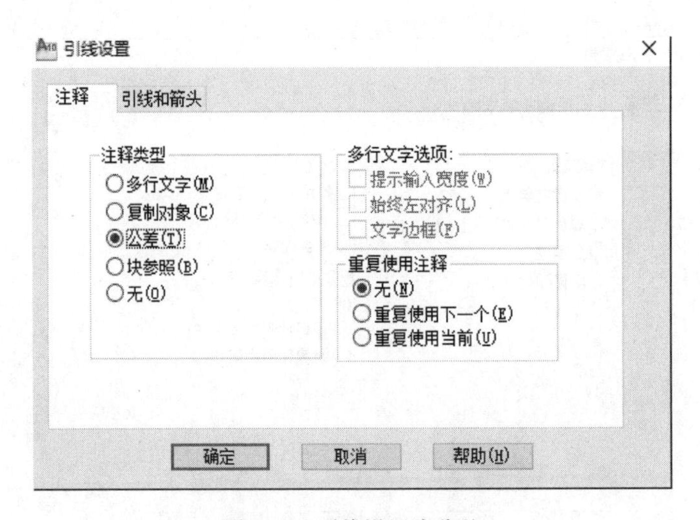

图 5-30　引线设置为公差

题 5-10　抄画图 5-31,练习单箭头标注。

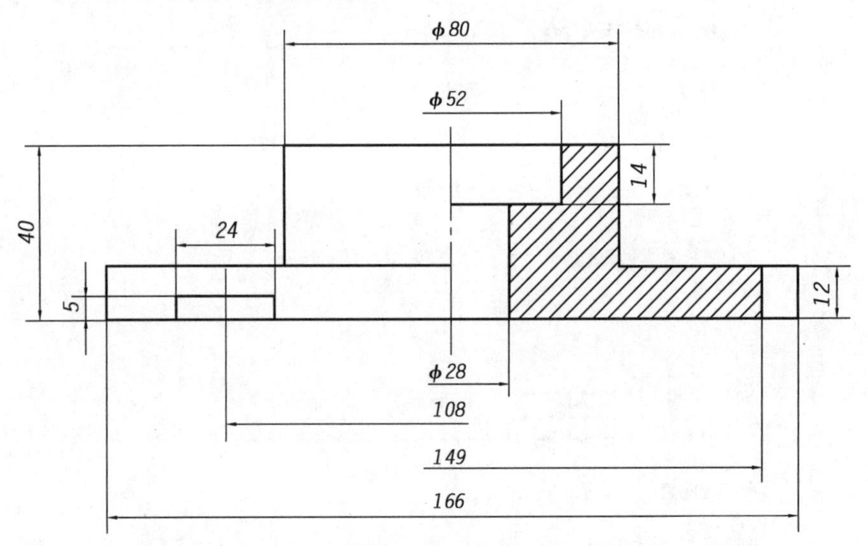

图 5-31　单箭头标注

提示　在"标注样式管理器"里单击"替代…"按钮,选中"线"标签,隐藏尺寸线和延伸线,如图 5-32 所示,就可实现单箭头标注。

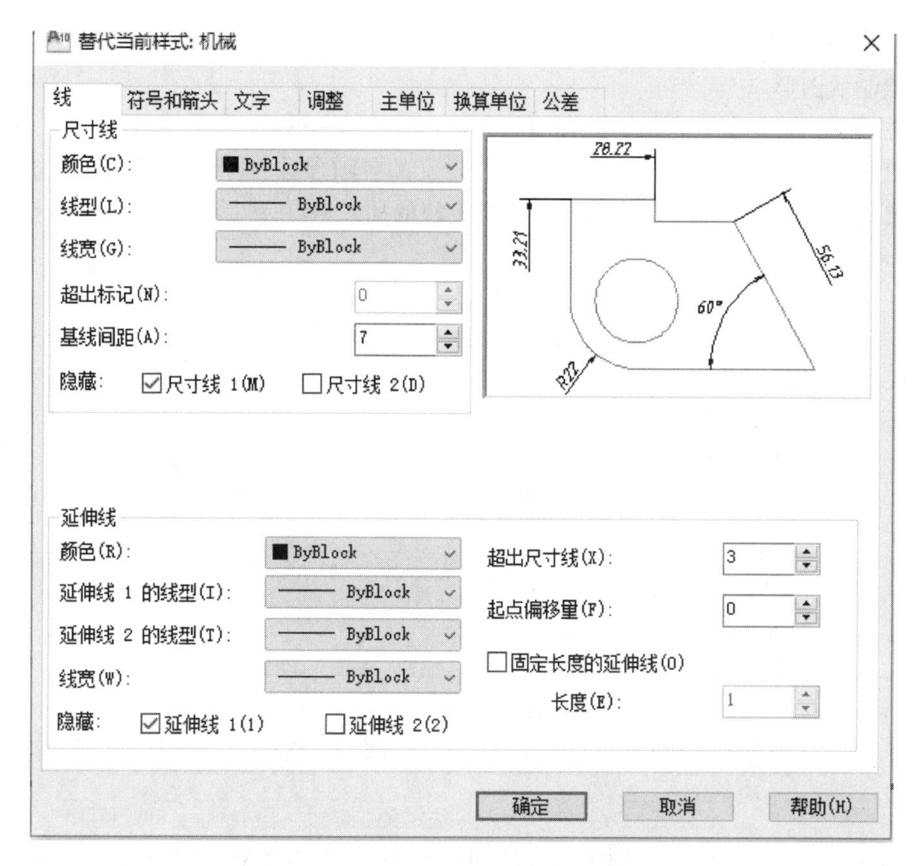

图 5-32　在“替代…”中设置单箭头标注

5.4　图块设置

设置图块可以将几个基本图形组成一个整体,用于构造一些常用的标准图形,如表面粗糙度符号、标高等,有利于画图的标准化,也可以大大提升绘图速度。

题 5-11　图 5-33 是一些电气符号,随意挑选其中的图形符号,练习图块的应用。

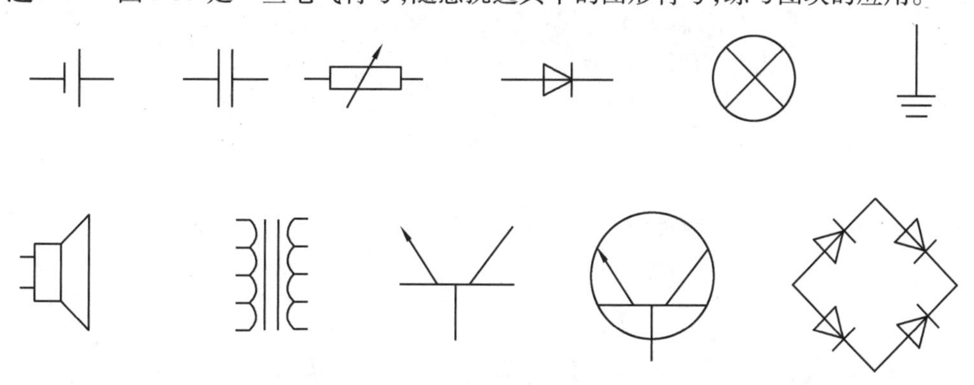

图 5-33　用图形符号做块

提示 设置不带属性块的操作步骤如下：

(1)绘制块图形。

(2)创建块：执行“创建块”命令，打开“块定义”对话框，选择对象、指定插入点，然后为其命名，可创建块定义。按照图 5-34 所示设置块定义的各项参数，块名：电阻；单击“选择对象”按钮，用光标选中图形；单击“拾取点”按钮，指定块的插入基点；最后单击“确定”按钮，即完成了块的定义。

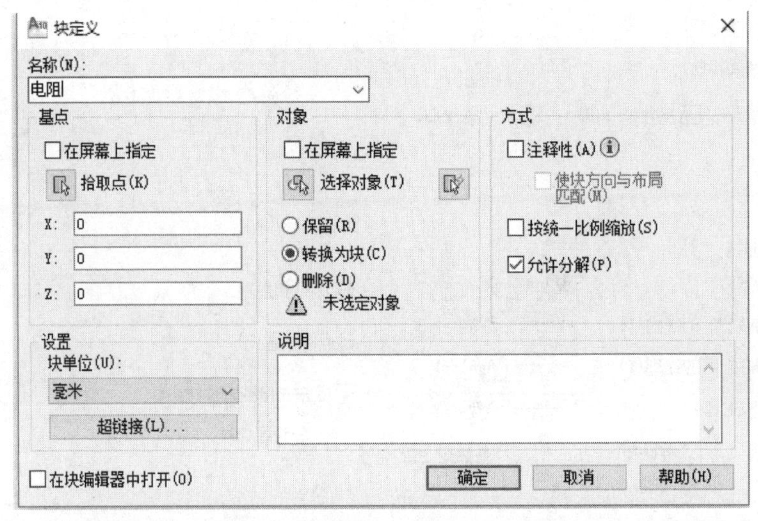

图 5-34　块定义

(3)写块：通过 Wblock 命令创建的块的图形文件，可作为独立的图形文件保存。在键盘上输入 W，打开图 5-35 所示的“写块(Write block)”对话框。单击“选择对象”按钮，将光标选中图形；单击“拾取点”按钮，指定块的插入基点；指定块名和路径后，单击“确定”按钮，即完成了块的定义。

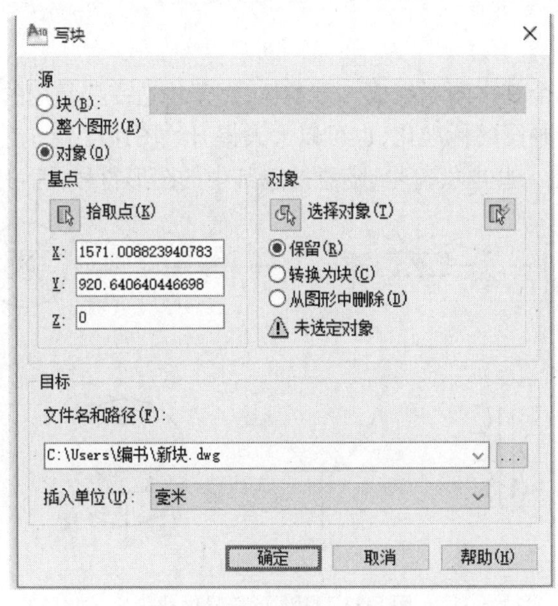

图 5-35　写块命令对话框

题 5-12　创建带属性的工作台号，如图 5-36 所示，并插入办公室的桌面，如图 5-37 所示。

姓　名	部　门	分　机
姓名	单位	电话

图 5-36　创建工作台号属性块

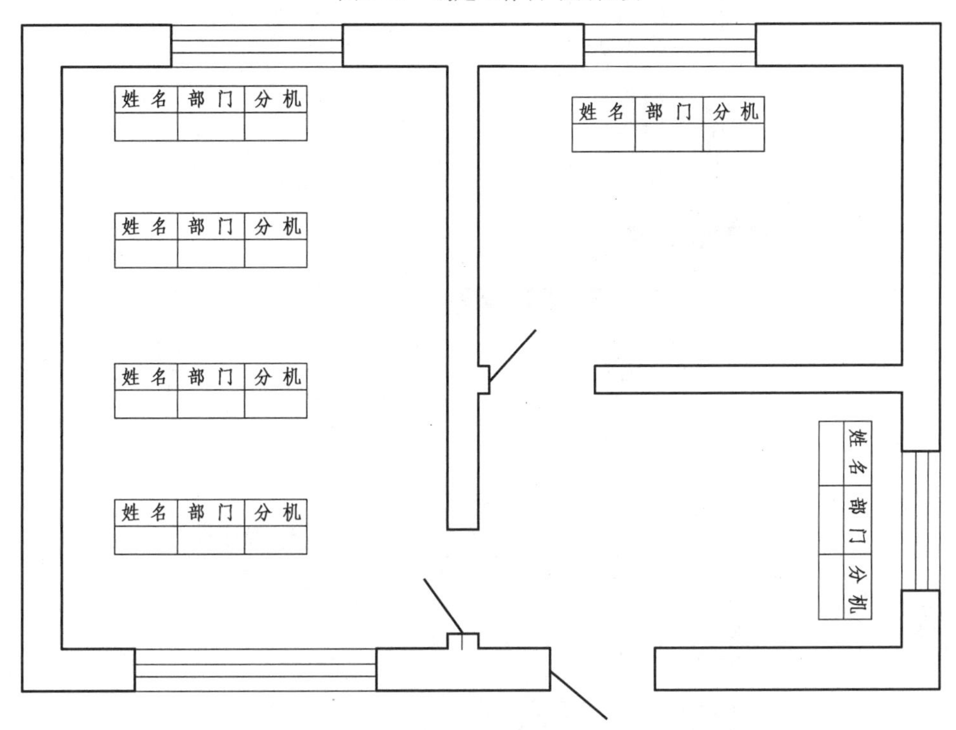

图 5-37　在办公桌面上插入并填写台号

提示　创建工作台号的属性块和插入工作台号的操作顺序如下：

(1)绘制图形：画好图 5-38 所示图形。

姓　名	部　门	分　机

图 5-38　创建工作台图块

(2)定义块属性：依次选择“绘图”→“块”→“定义属性”，如图 5-39 所示。

(3)设置块属性的参数值：在如图 5-40 所示对话框里的“标记”中填写姓名。

(4)完成块属性定义：单击“拾取点”按钮，在图 5-41(a)所示姓名对应的下框里用十字光标单击。回到属性定义对话框，修改文字的高度(默认值为 2.5)等信息，单击“确定”按钮，带有属性的“姓名”已经创建成功。再次进入属性定义对话框，用同样的方法创建“单位”“电话”，如图 5-41(b)(c)(d)所示。

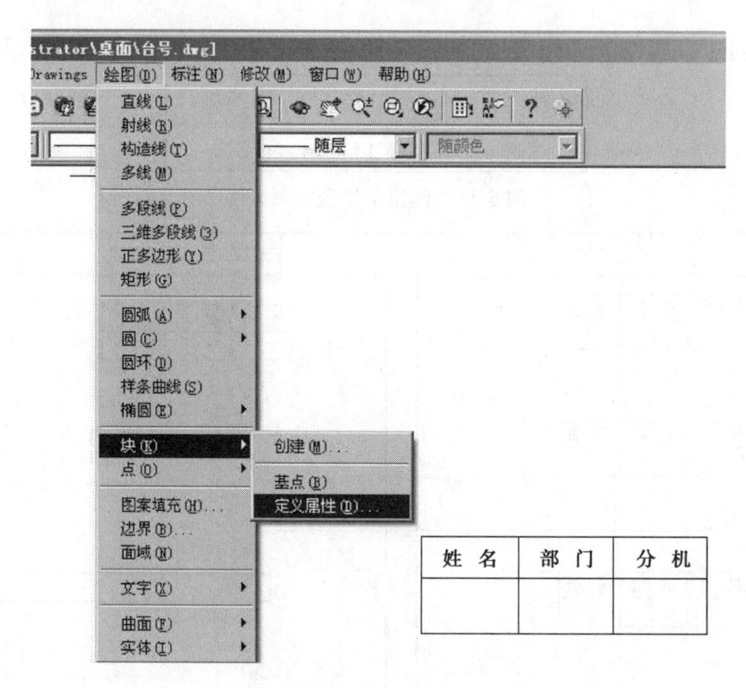

图 5-39 定义属性

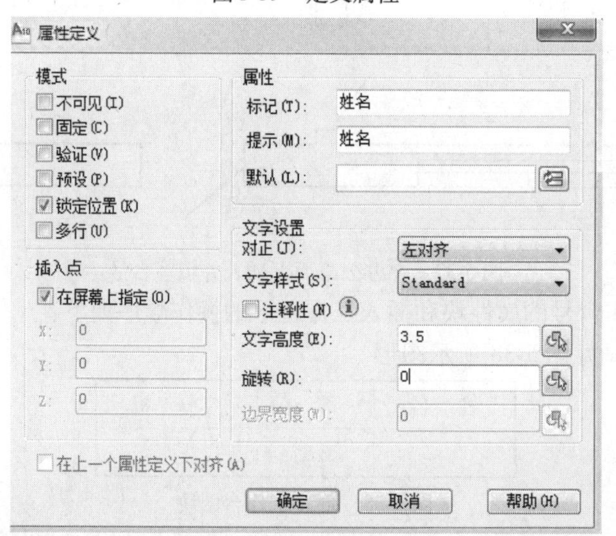

图 5-40 定义块属性

姓 名	部 门	分 机
+		

(a)

姓 名	部 门	分 机
姓名		

(b)

姓 名	部 门	分 机
姓名	单位	

(c)

姓 名	部 门	分 机
姓名	单位	电话

(d)

图 5-41 创建台号属性

(5)创建块:块的图形和属性创建完成后,要将带属性名为“台号”的块做成文件。执行“创建块”命令,打开块定义对话框,按照图 5-42 所示设置块定义的各项参数。块名:台号;单击“选择对象”按钮,用光标选中图 5-41(d)所示图块;单击“拾取点”按钮,选择图块的插入点,将光标放在图 5-41(d)的右下角并单击作为插入点;最后单击“确定”按钮,即完成了块定义。

图 5-42　创建块

(6)插入块:执行“插入块”命令,打开“插入”对话框,如图 5-43 所示。在下拉式列表框中选择块名:台号,单击“确定”按钮,此时鼠标带着块图出现,按照命令行提示,用鼠标选择合适插入点。

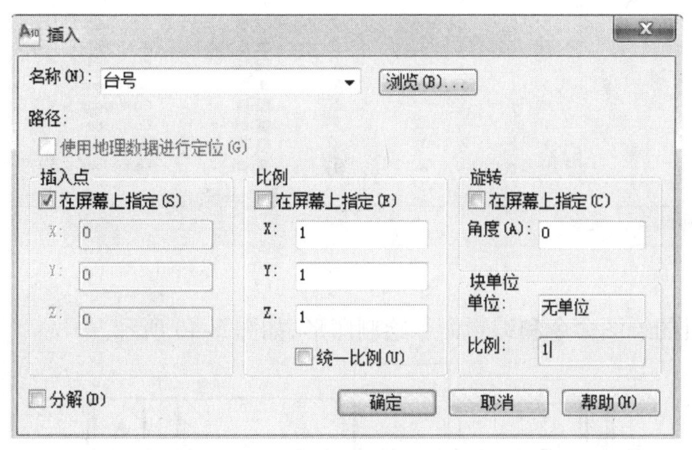

图 5-43　“插入”对话框

5.5　零件图绘制实例

题 5-13　绘制图 5-44 所示的零件图。

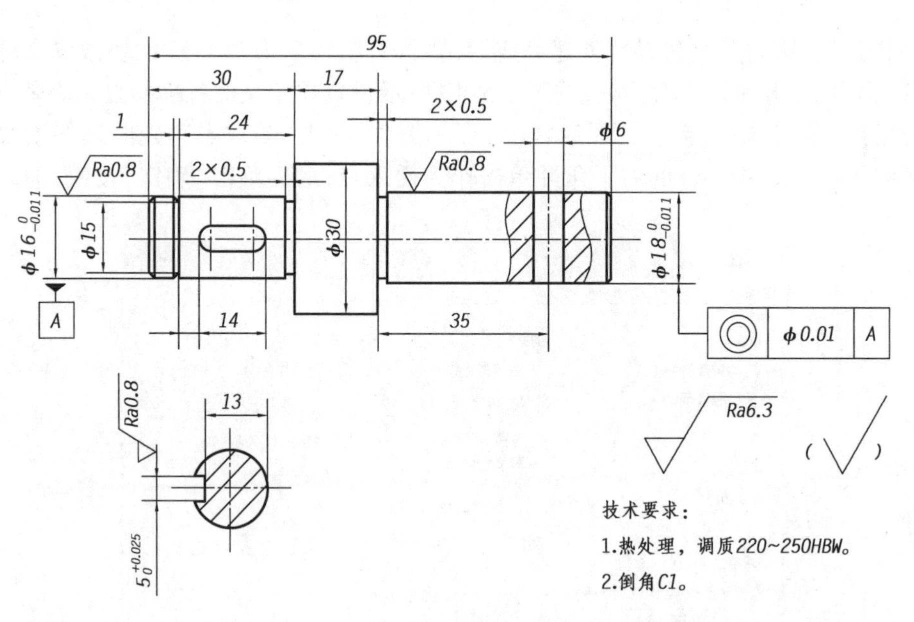

图 5-44　轴零件图

绘制步骤:

(1)设置图 5-45 所示的图层。

当前图层: 08

状	名称	开	冻结	锁定	颜色	线型	线宽
	0				白	Continuous	默认
	01				白	Continuous	0.50 毫米
	02				绿	Continuous	0.25 毫米
	04				黄	ACAD_ISO02W100	0.25 毫米
	05				红	ACAD_ISO04W100	0.25 毫米
	07				洋红	ACAD_ISO05W100	0.25 毫米
✓	08				白	Continuous	0.25 毫米
	09				绿	Continuous	0.25 毫米
	10				白	Continuous	0.25 毫米
	11				绿	Continuous	0.25 毫米
	Defpoints				白	Continuous	默认

过滤器：全部；所有使用的图层　反转过滤器(I)

全部: 显示了 11 个图层，共 11 个图层

图 5-45　设置图层

(2)利用学过的绘图命令和编辑命令绘制图形，如图 5-46 所示。

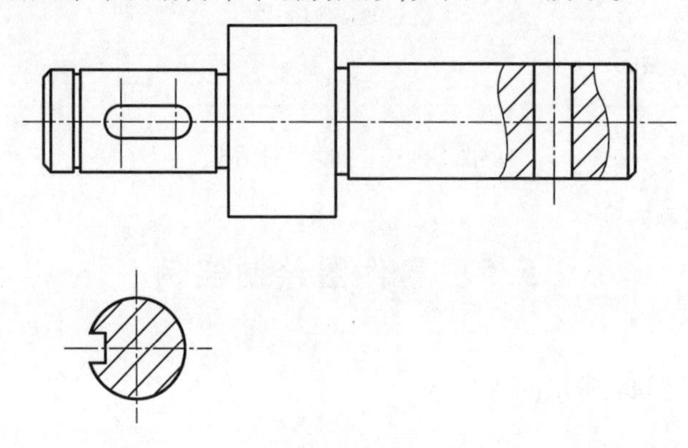

图 5-46　绘制图形

(3)设置文字样式和尺寸标注样式后,标注如图 5-47 所示的尺寸。

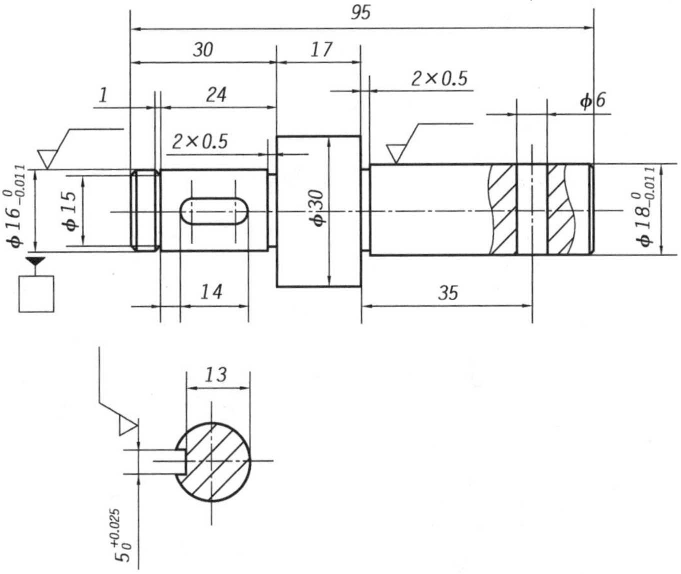

图 5-47　尺寸标注

提示　利用“线性”标注命令标注所有尺寸。标注尺寸 $\phi30$ 时,在“文字格式”对话框中输入“%%c30”,对尺寸 $\phi15$ 用相同方法标注。在标注公差尺寸时,运用公差尺寸标注方法。

(4)标注如图 5-48 所示的几何公差。

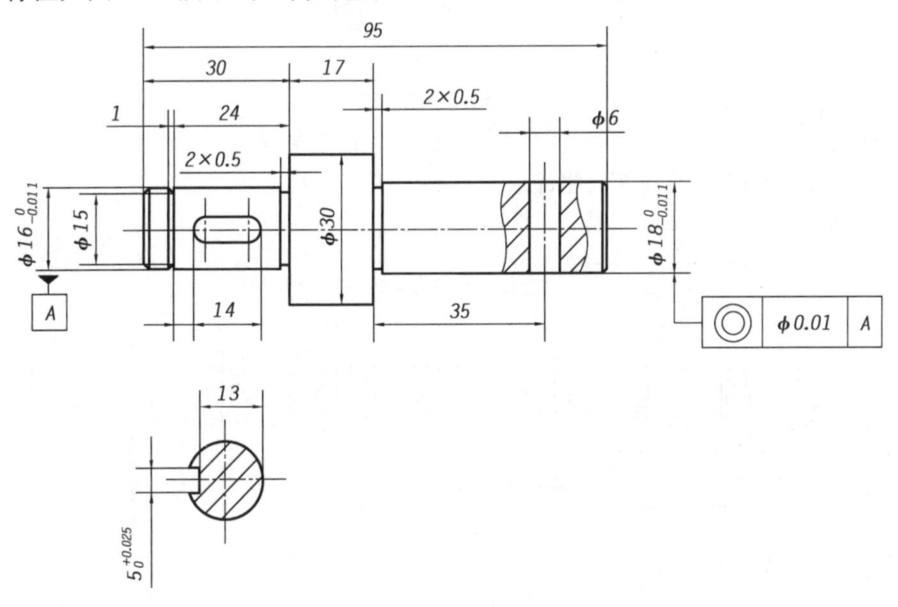

图 5-48　几何公差标注

提示

①用 Qleader 命令标注几何公差,需要先在弹出的如图 5-49 所示的“引线设置”对话框中选中“公差”选项。确定后,再在出现的如图 5-50 所示的“形位公差”对话框中选择公差代号,输入公差值和基准代号。

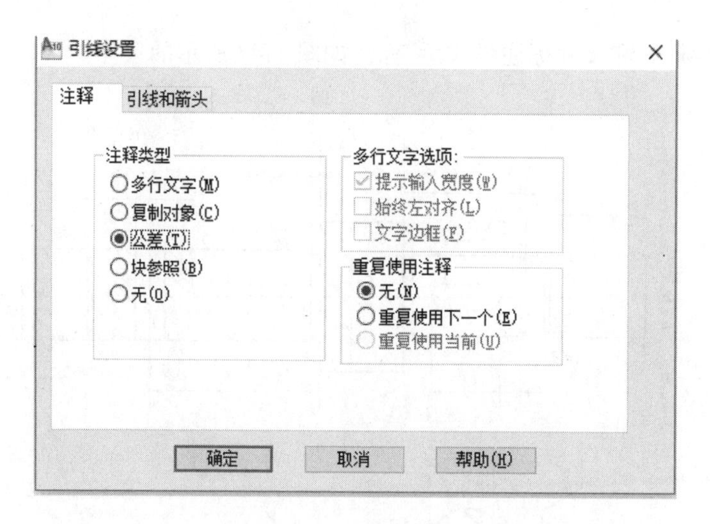

图 5-49 引线设置

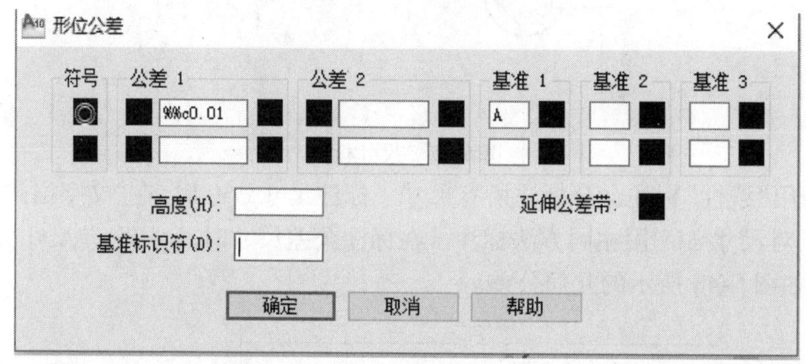

图 5-50 形位公差

②几何公差的基准代号可以通过绘图命令及文字命令绘制。

(5)标注如图 5-51 所示的表面粗糙度。

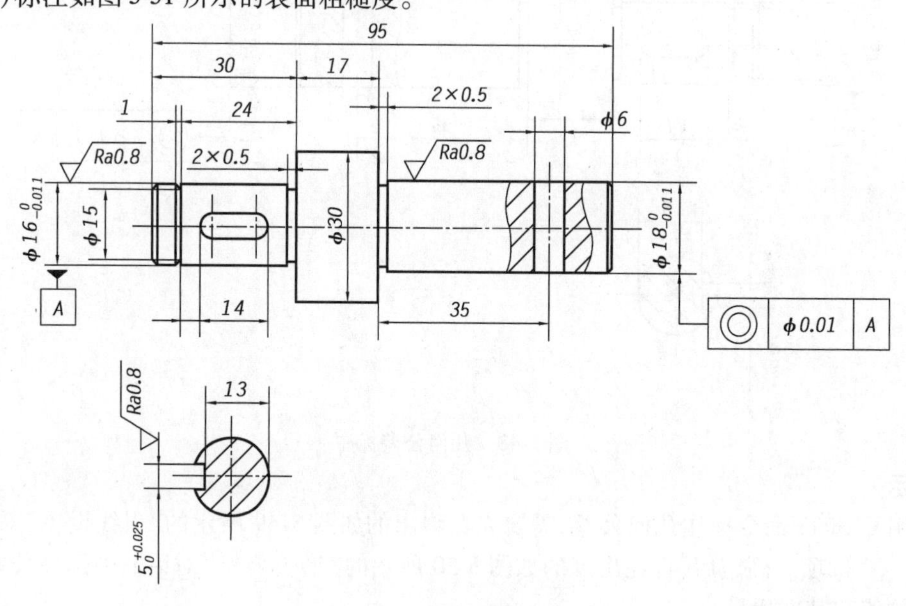

图 5-51 表面粗糙度标注

提示 表面粗糙度代号使用带属性的块的方法标注，步骤如下：

(1)绘制块图形：按照如图5-52所示的尺寸，绘制表面粗糙度符号的图形。

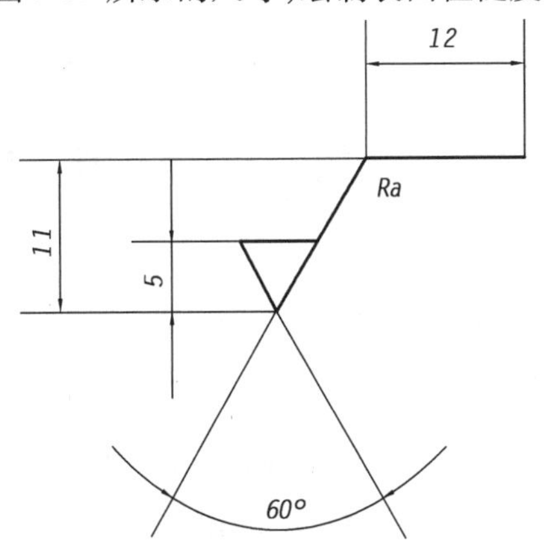

图5-52 表面粗糙度符号

(2)定义块属性：依次单击“绘图”→“块”→“定义属性”，出现如图5-53所示的“属性定义”对话框，按照图中所示设置各项参数。

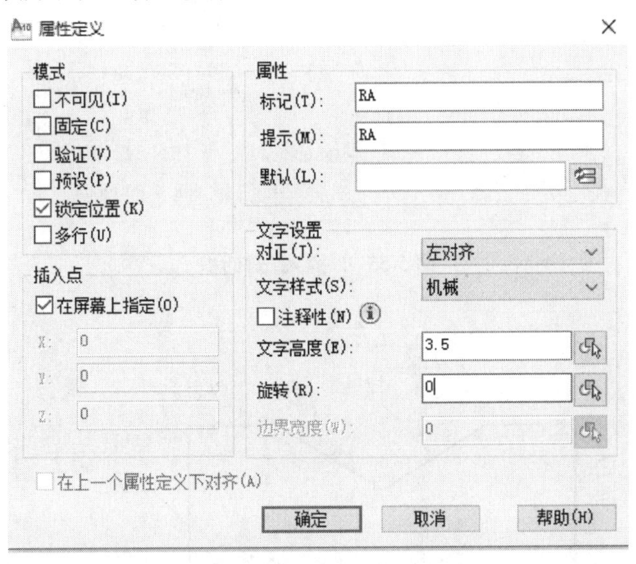

图5-53 块“属性定义”对话框

(3)创建块：执行“创建块”命令，打开“块定义”对话框，按照图5-54所示设置块定义的各项参数。块名：RA；单击“选择对象”按钮，将光标选中表面粗糙度图形和属性；单击“拾取点”按钮，选择表面粗糙度图形符号中三角形下顶点作为插入点；最后单击“确定”按钮，即完成了块定义。

(4)插入块：执行“插入块”命令，打开“插入”对话框，如图5-55所示。在下拉式列表框中选择块名：ra，单击“确定”按钮，此时鼠标带着块图出现，按如图5-56所示样例插入图中。

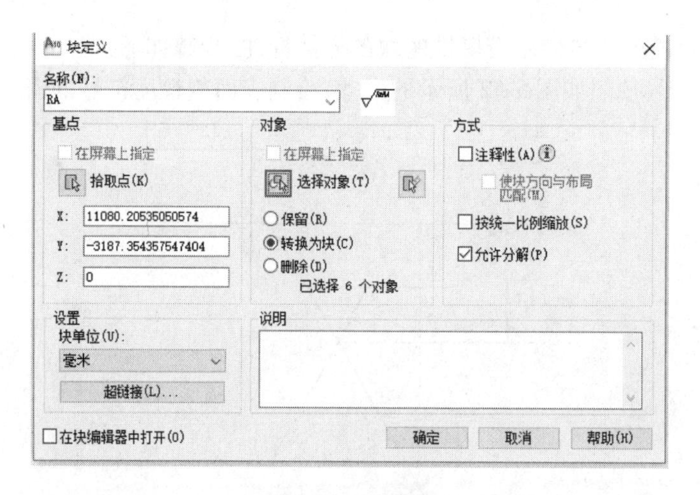

图 5-54 创建块

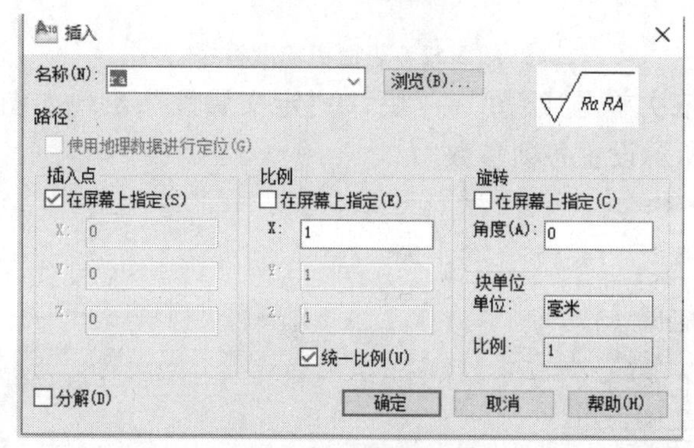

图 5-55 “插入”对话框

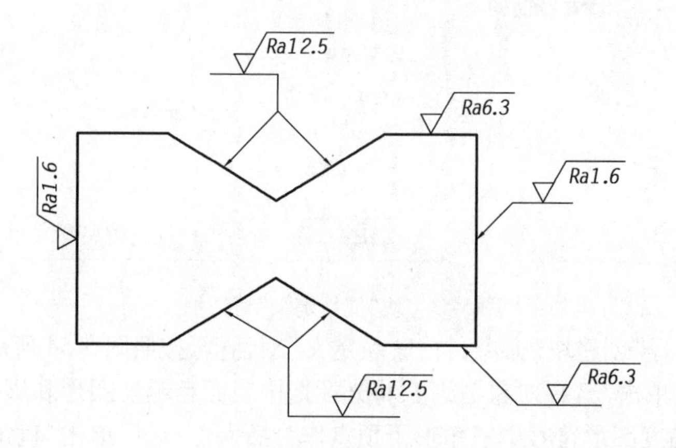

图 5-56 插入表面粗糙度符号样例

5.6 零件图绘制训练

绘制图 5-57 至图 5-61 所示的零件图。

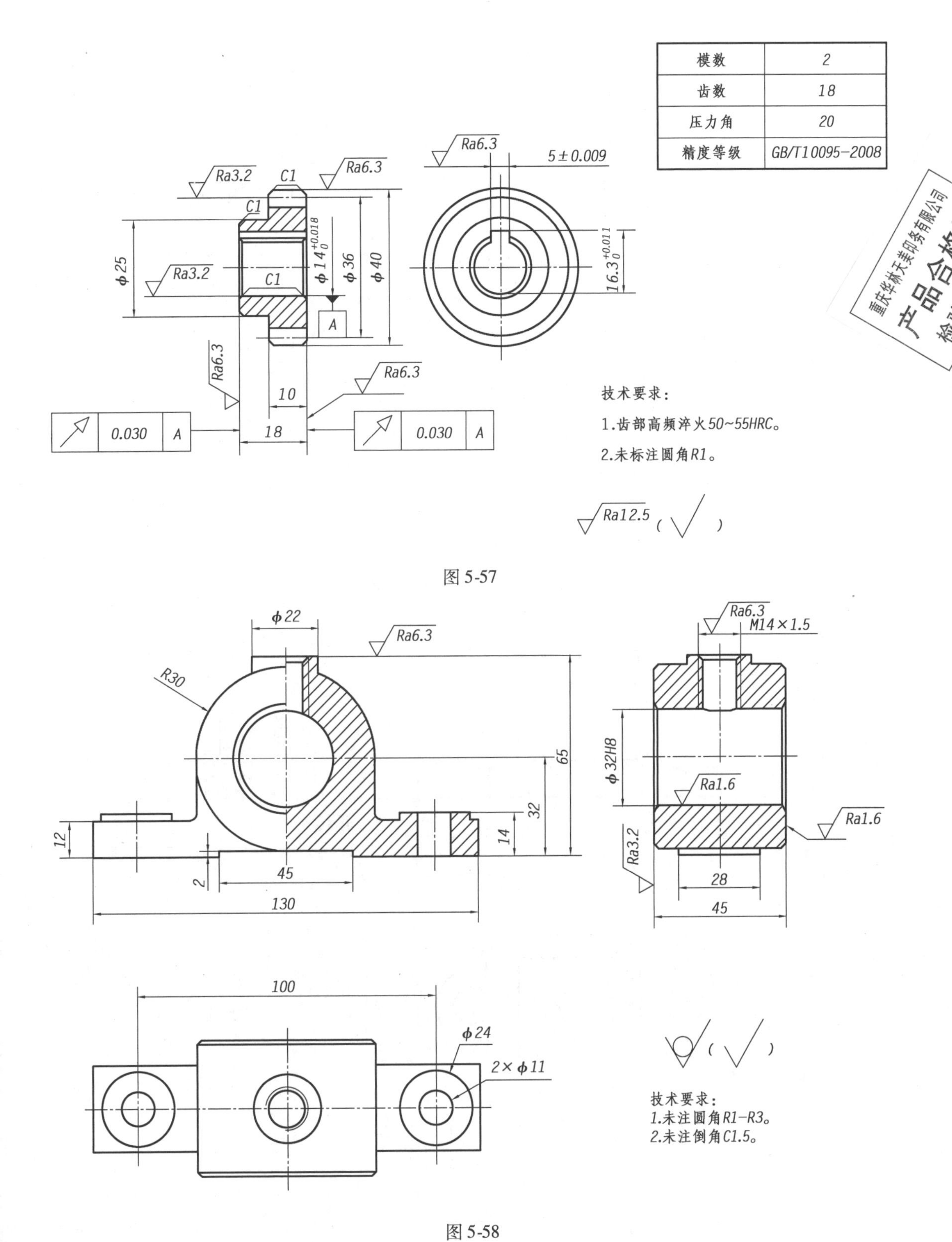
模数 2
齿数 18
压力角 20
精度等级 GB/T10095-2008
Ra3.2
C1
Ra6.3
5±0.009
φ25
φ14 +0.018 0
φ36
φ40
16.3 +0.011 0
A
10
18
0.030 A
技术要求：
1.齿部高频淬火50~55HRC。
2.未标注圆角R1。
Ra12.5
φ22
R30
65
32
14
12
2
45
130
M14×1.5
φ32H8
Ra1.6
28
100
φ24
2×φ11
技术要求：
1.未注圆角R1-R3。
2.未注倒角C1.5。

图 5-57

图 5-58

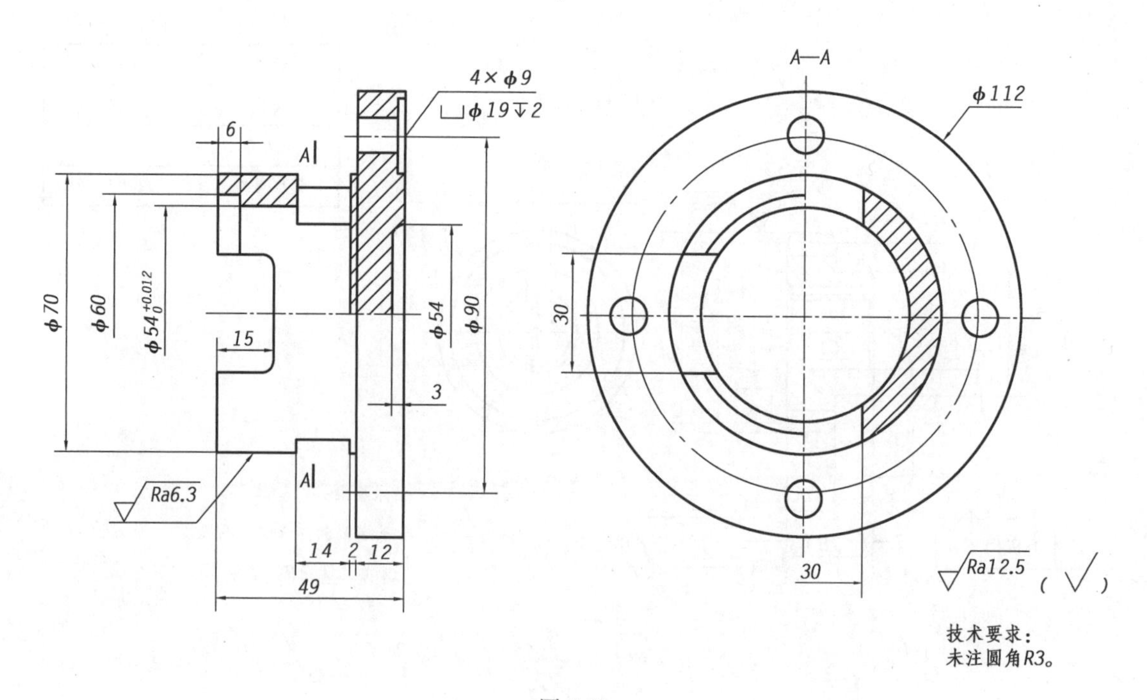

图 5-59

技术要求：
未注圆角R2。

图 5-60

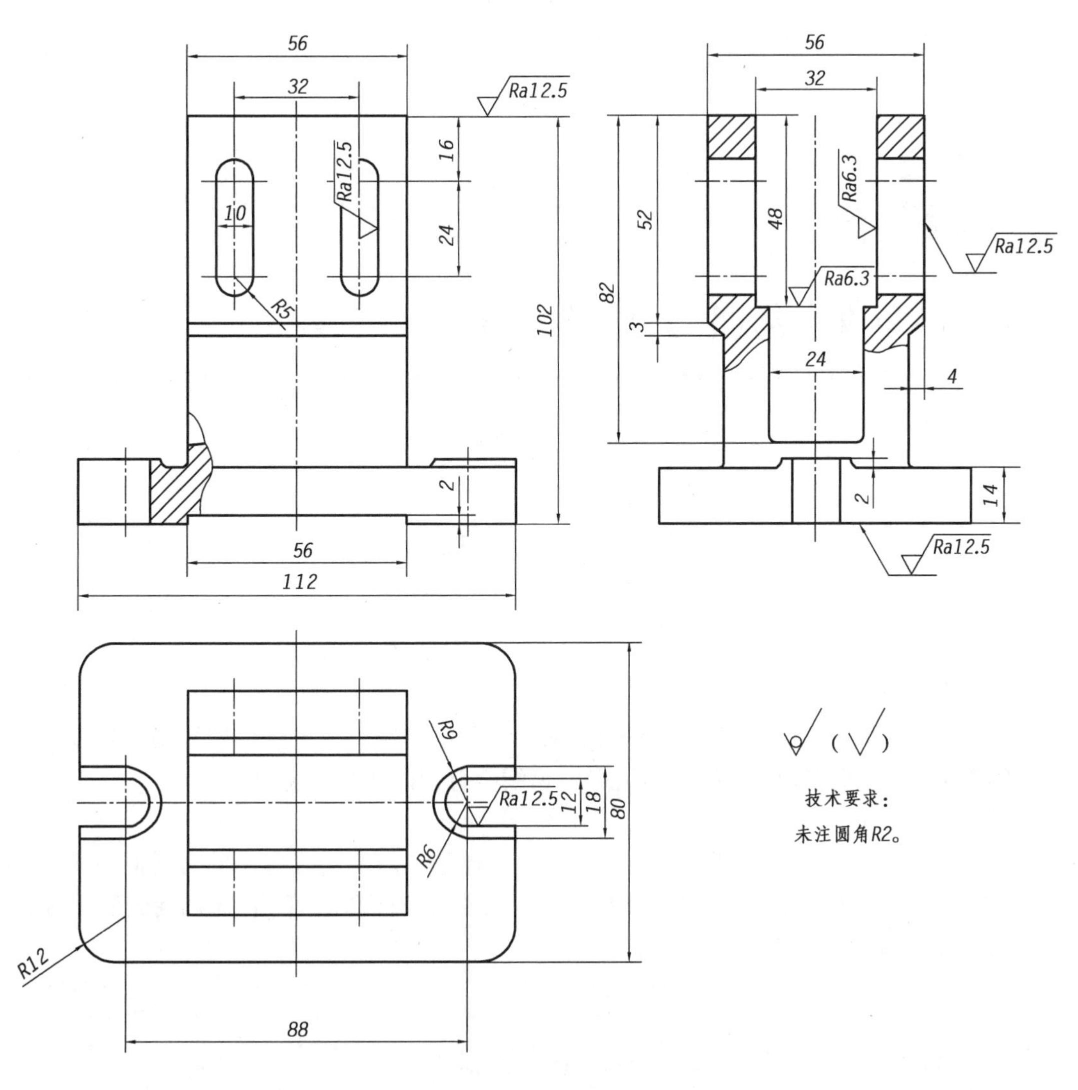
56
32
Ra12.5
16
24
10
R5
102
2
56
112
52
48
Ra6.3
82
3
24
4
14
R9
R6
12
18
80
R12
88
技术要求：
未注圆角R2。

图 5-61　零件图训练

第6章

AutoCAD 建筑施工图绘制

6.1 多重线(ML)

建筑施工平面图中的墙线、窗线等一般采用多重线绘制。多重线根据作图需要可设置成不同的线型，通常将墙线设置为两条粗实线，窗线设置为四条细实线。

绘制多重线步骤如下：

(1)多重线设置。依次选择“格式”→“多线样式”→“新建”，在弹出的对话框中输入新样式名，单击“继续”，得到如图6-1所示的“新建多线样式”对话框。单击“添加”按钮，可根据作图需要设置不同的线型。

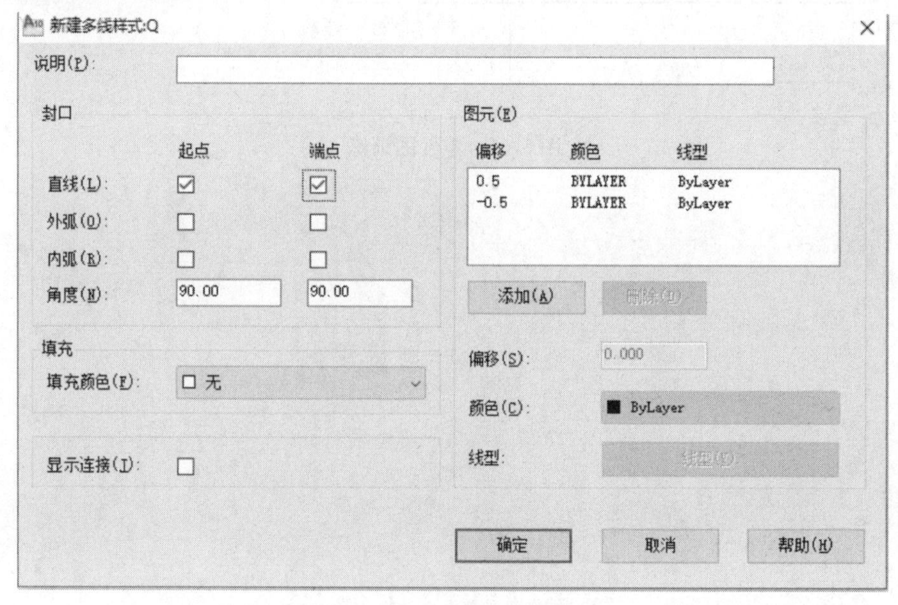

图6-1 “新建多线样式”对话框

(2)多重线绘制。在命令行中输入 ML 并回车,在出现的"当前设置"中设置:对正(J),比例(S),样式(ST)。

提示:设置多重线之间的距离时,一定不要忽略系统已设置好了的"比例"参数。例如系统将比例设置为20,两线间的距离若设为2,则实际距离为 2×20=40。

(3)多重线编辑。双击多重线,出现如图6-2所示的"多线编辑工具"对话框,在其中选择相应的编辑功能。

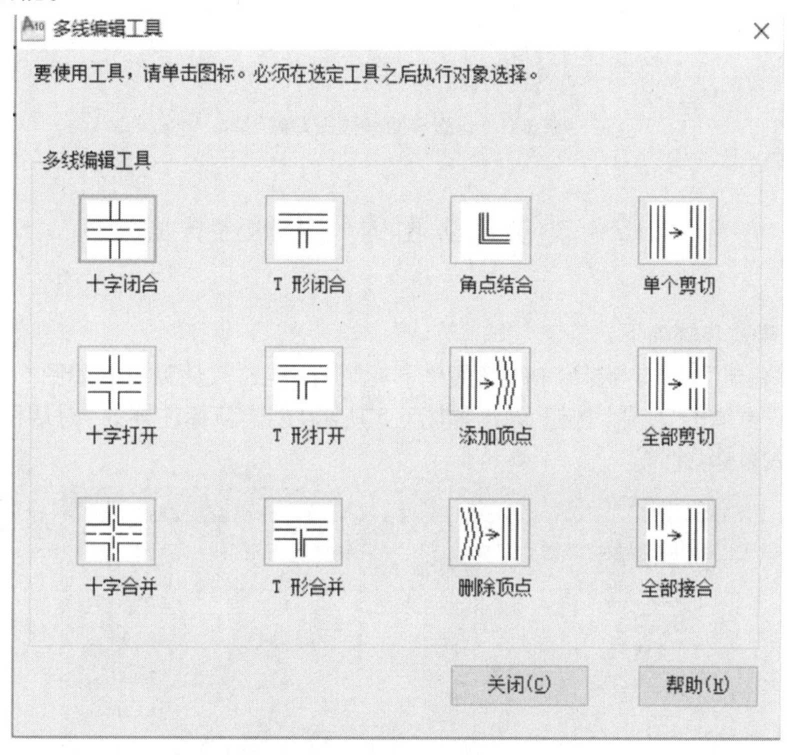

图6-2　"多线编辑工具"对话框

题6-1　参照图6-3,设置多重线相关参数画图并编辑。

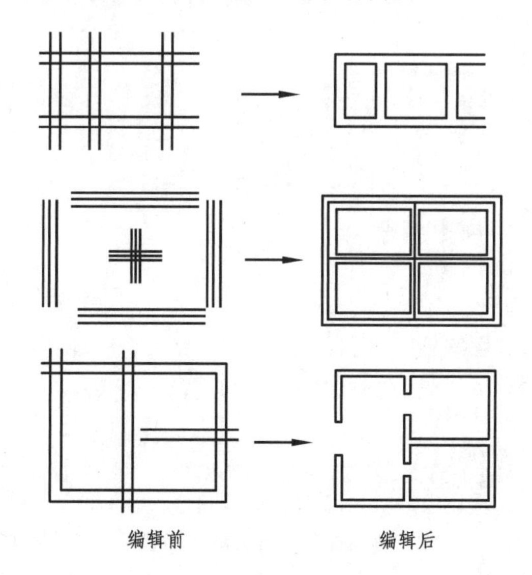

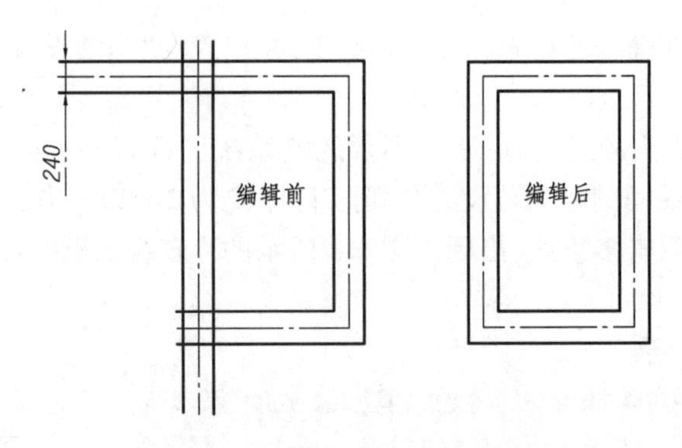

图 6-3　设置多重线画图并编辑

6.2　建筑施工图的尺寸标注样式

设置尺寸样式步骤如下：

(1)新建“建筑”样式。选择“格式”菜单下的“标注样式”,从弹出的如图 6-4 所示的“标注样式管理器”中单击“新建”按钮,弹出如图 6-5 所示“创建新标注样式”对话框,在“新样式名”中输入样式名称:建筑。

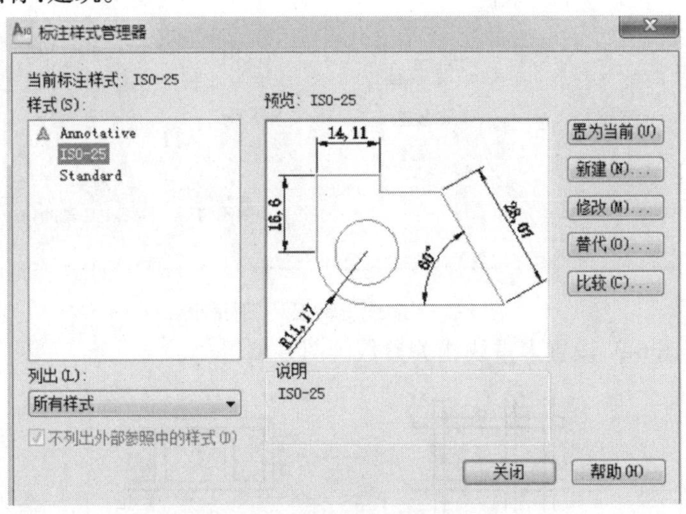

图 6-4　标注样式管理器

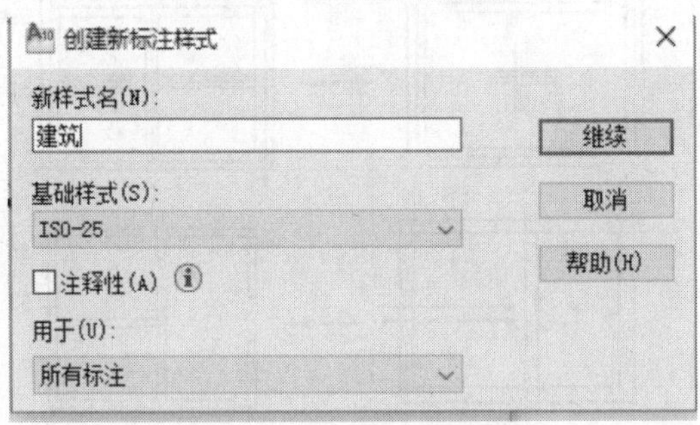

图 6-5　创建新标注样式

(2)设置“建筑”标注样式的参数。

①单击“创建新标注样式”的“继续”按钮,在弹出的如图 6-6 所示的对话框中选择“线”选项卡,若以 A3 图纸图形 1:1的比例打印图形,则设置基线间距为“8”、超出尺寸线为“2”、起点偏移量为“2”。

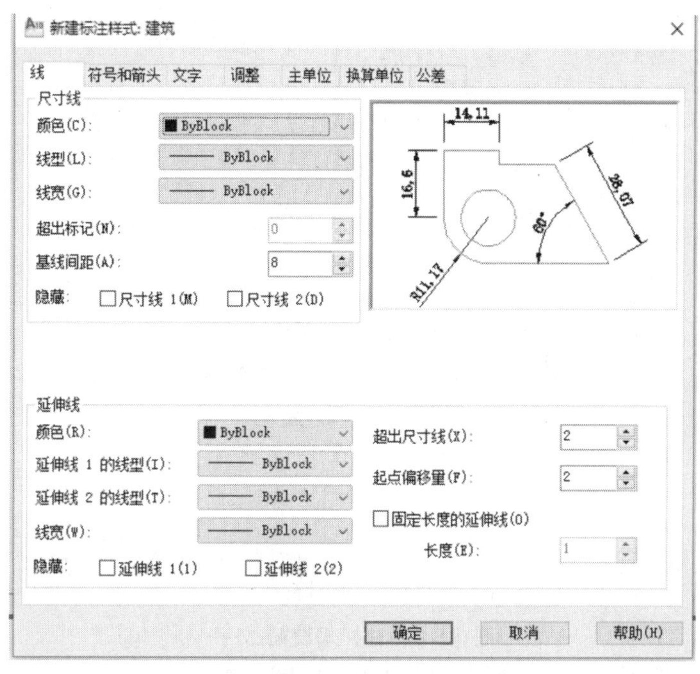

图 6-6　标注样式设置:线

②选择“符号和箭头”选项卡,设置箭头大小为“2”,如图 6-7 所示。

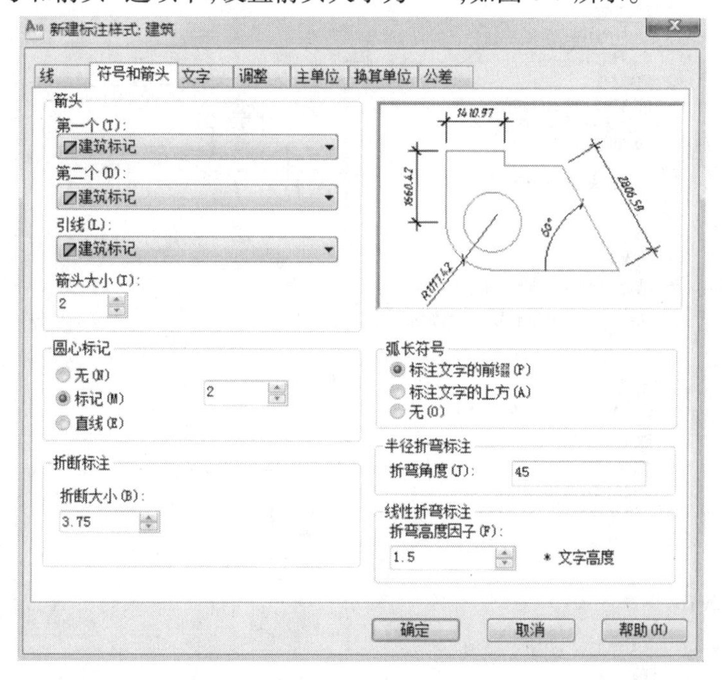

图 6-7　标注样式设置:符号和箭头

③选择“文字”选项卡,设置文字高度为“3”、从尺寸线偏移为“1”、文字对齐方式为“与尺寸线对齐”,如图 6-8 所示。

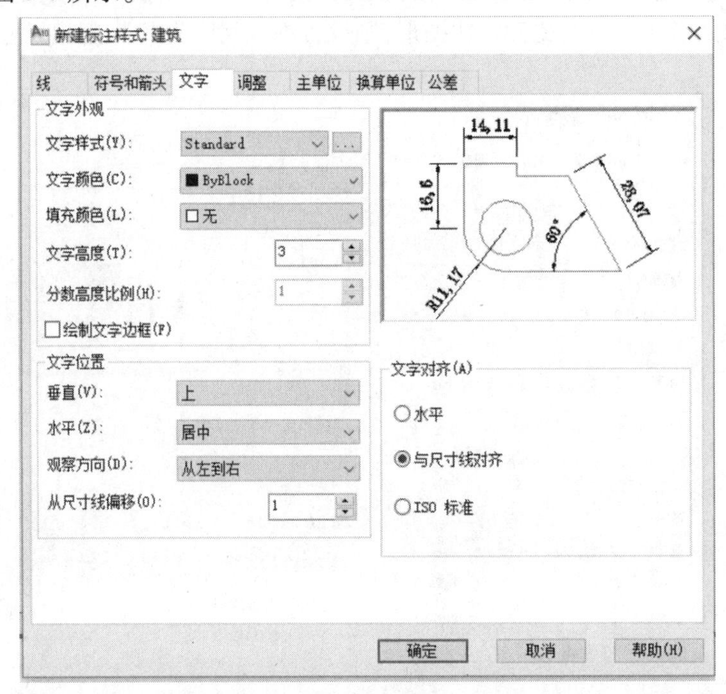

图 6-8　标注样式设置:文字

④选择“调整”选项卡,设置使用全局比例为“100”、文字位置为“尺寸线上方,带引线”、调整选项为“文字始终保持在尺寸线之间”,如图 6-9 所示。

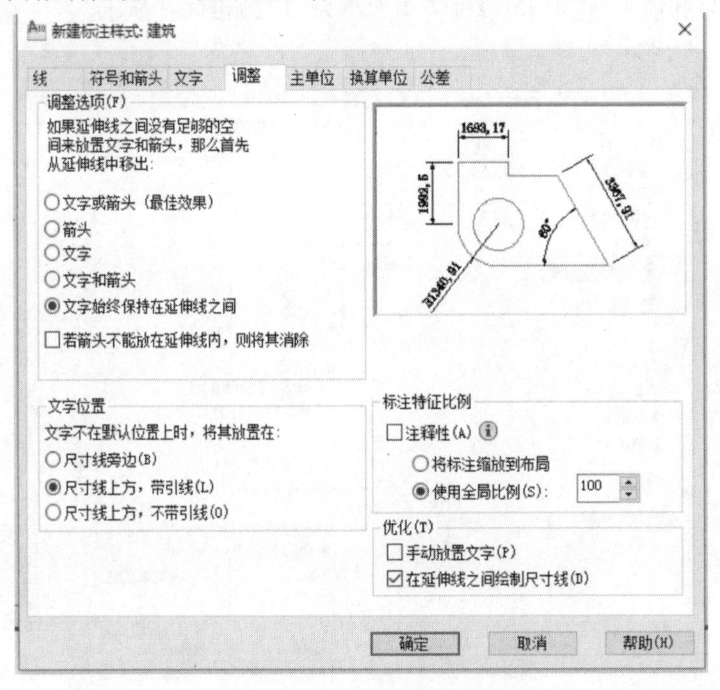

图 6-9　标注样式设置:调整

⑤选择“主单位”选项卡，设置单位格式为“小数”、精度为“0.00”、小数分隔符为“句点”、单位格式为“度/分/秒”、精度为“0d”，如图 6-10 所示。

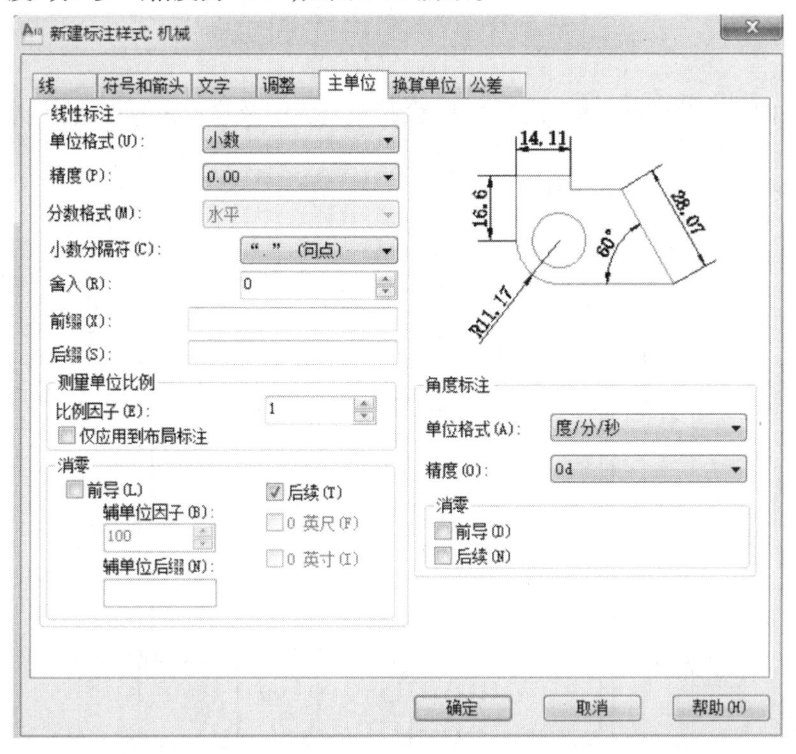

图 6-10　标注样式设置:主单位

完成之后单击“确定”按钮，返回“标注样式管理器”，如图 6-11 所示，“建筑”样式设置完成。

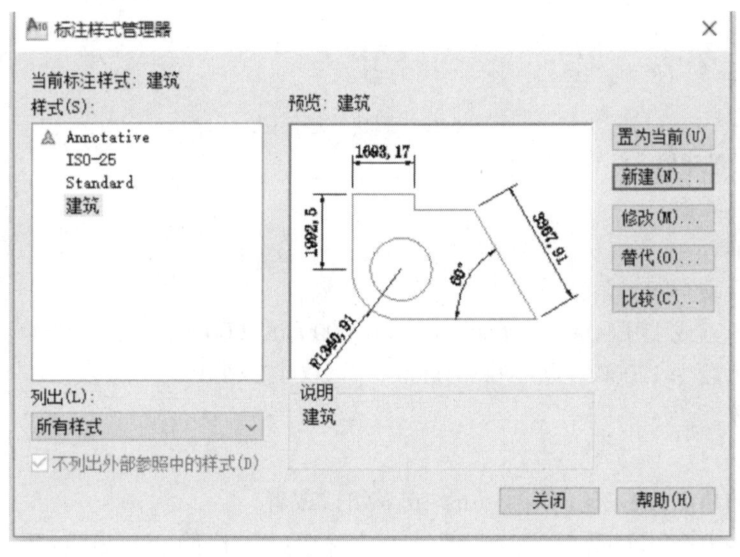

图 6-11　完成“建筑”样式的设置

6.3　建筑施工图绘制实例

建筑施工图包括建筑平面图、建筑立面图、建筑剖面图及建筑详图，一般先画建筑平面图，再画其他图。

题 6-2　绘制图 6-12 所示的建筑平面图。

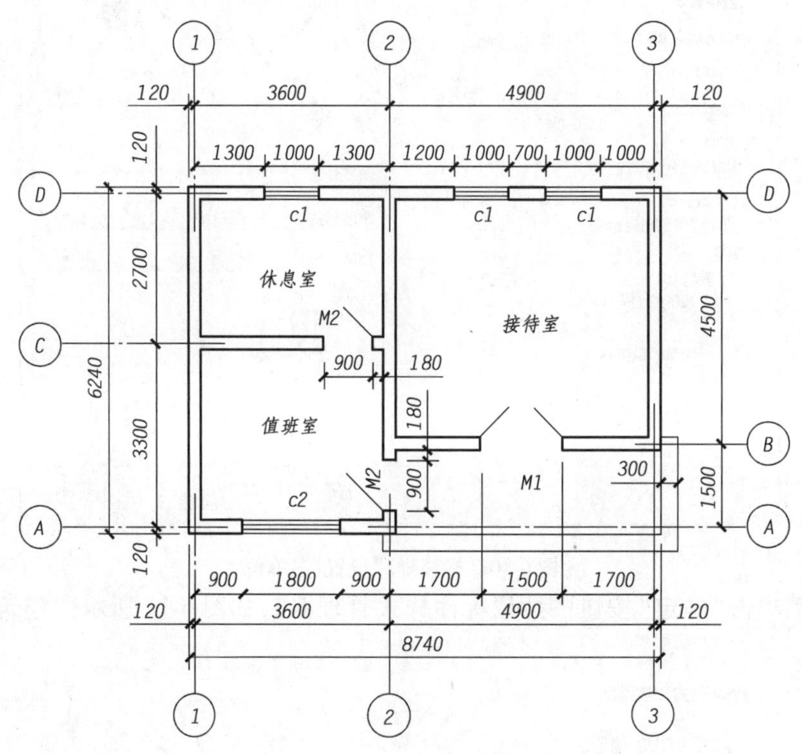

图 6-12　画建筑平面图

(1)设置绘图环境。

①设置图形界面。

命令：limits

重新设置模型空间界限：

指定左下角点或［开(ON)/关(OFF)］ <0.0000,0.0000 >：

指定右上角点 <12000.0000,9000.0000 >：42000,29700

②全屏缩放。

命令：zoom

指定窗口的角点，输入比例因子 (nX 或 nXP)，或者

［全部(A)/中心(C)/动态(D)/范围(E)/上一个(P)/比例(S)/窗口(W)/对象(O)］ < 实时 >：a

③设置图层。

图层名称	颜色(颜色号)	线 型	线 宽
01	白色(7)	实线 CONTINOUS	0.50 mm(粗实线用)
02	红色(1)	实线 CONTINOUS	0.13 mm(细实线、尺寸标注及文字用)
03	青色(4)	实线 CONTINOUS	0.25 mm(中实线用)
04	绿色(3)	点划线 ISO04W100	0.13 mm
05	黄色(2)	虚线 ISO02W100	0.15 mm

④设定线型比例为40。

(2)绘图建筑平面图的步骤:

①绘制定位轴线(点画线)。

②使用多重线命令绘制墙线(粗实线)。

③使用多重线命令绘制窗线(细实线)。

④绘制门线(45°细实线)。

⑤绘制其他图线(高差线、台阶线等),如图6-13所示。

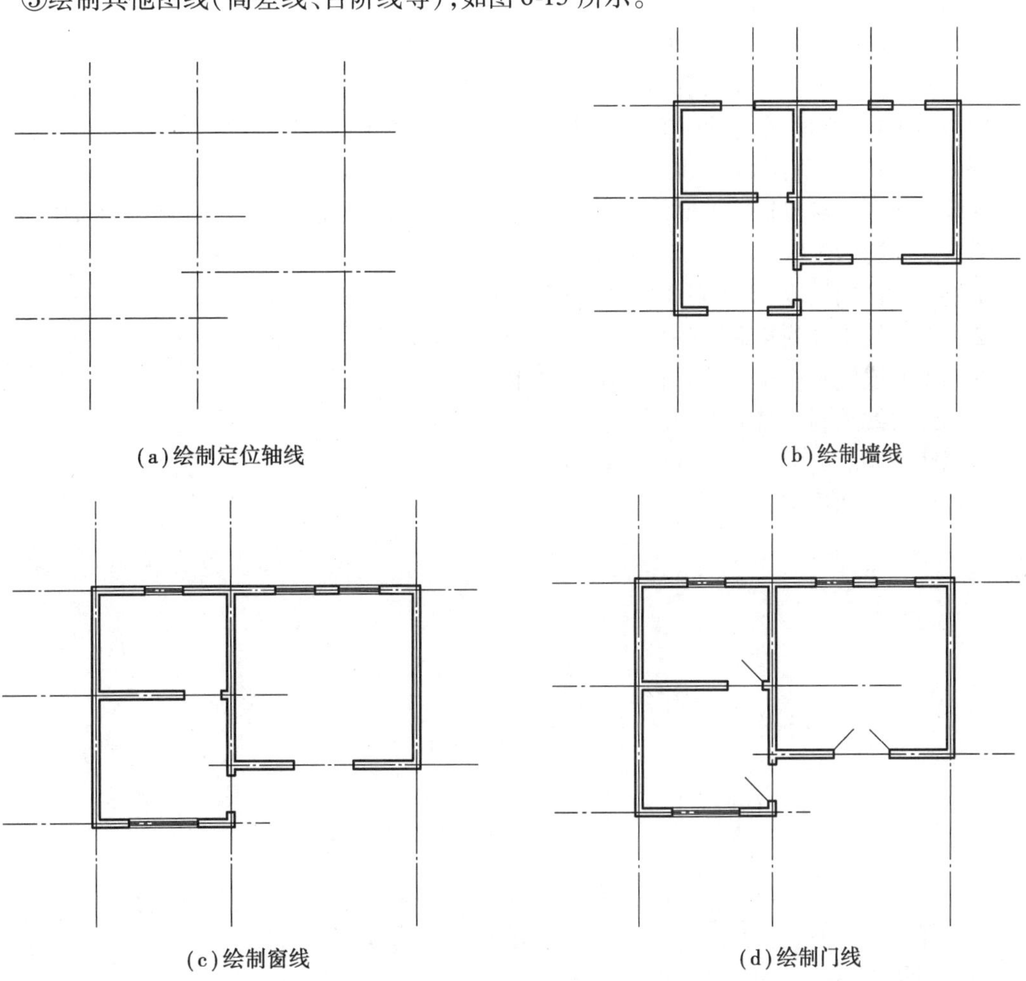

(a)绘制定位轴线　(b)绘制墙线

(c)绘制窗线　(d)绘制门线

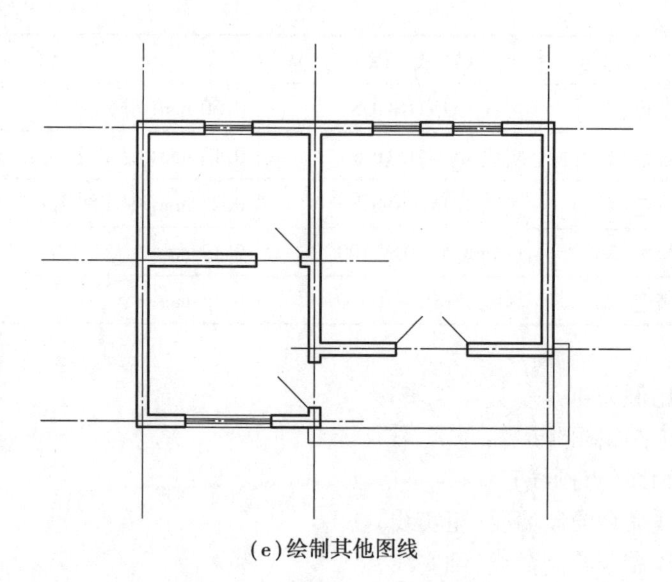

(e)绘制其他图线

图 6-13　建筑平面图绘制过程

(3)标注文字及尺寸,如图 6-12 所示。

题 6-3　绘制如图 6-14 所示的建筑施工图。

(1)设置绘图环境,设置方法与例 6-1 中所述相同。

(2)绘制建筑平面图,绘制方法步骤与例 6-1 中所述相同。

(3)绘制建筑立面图。

建筑立面图是对建筑物外形结构的表达,绘制时运用长对正的投影原则结合平面图进行。绘制建筑立面图的步骤如图 6-15 所示。

①绘制定位轴线、水平控制线(屋面及女儿墙)。

②用粗实线绘制外轮廓,其中地坪线用 Pedit 命令加粗 1 ~2 mm。

③用中实线绘制次轮廓,如门、窗洞口、台阶等。

④用细实线绘制门窗分格线。

⑤标注标高。

⑥标注图名和比例。

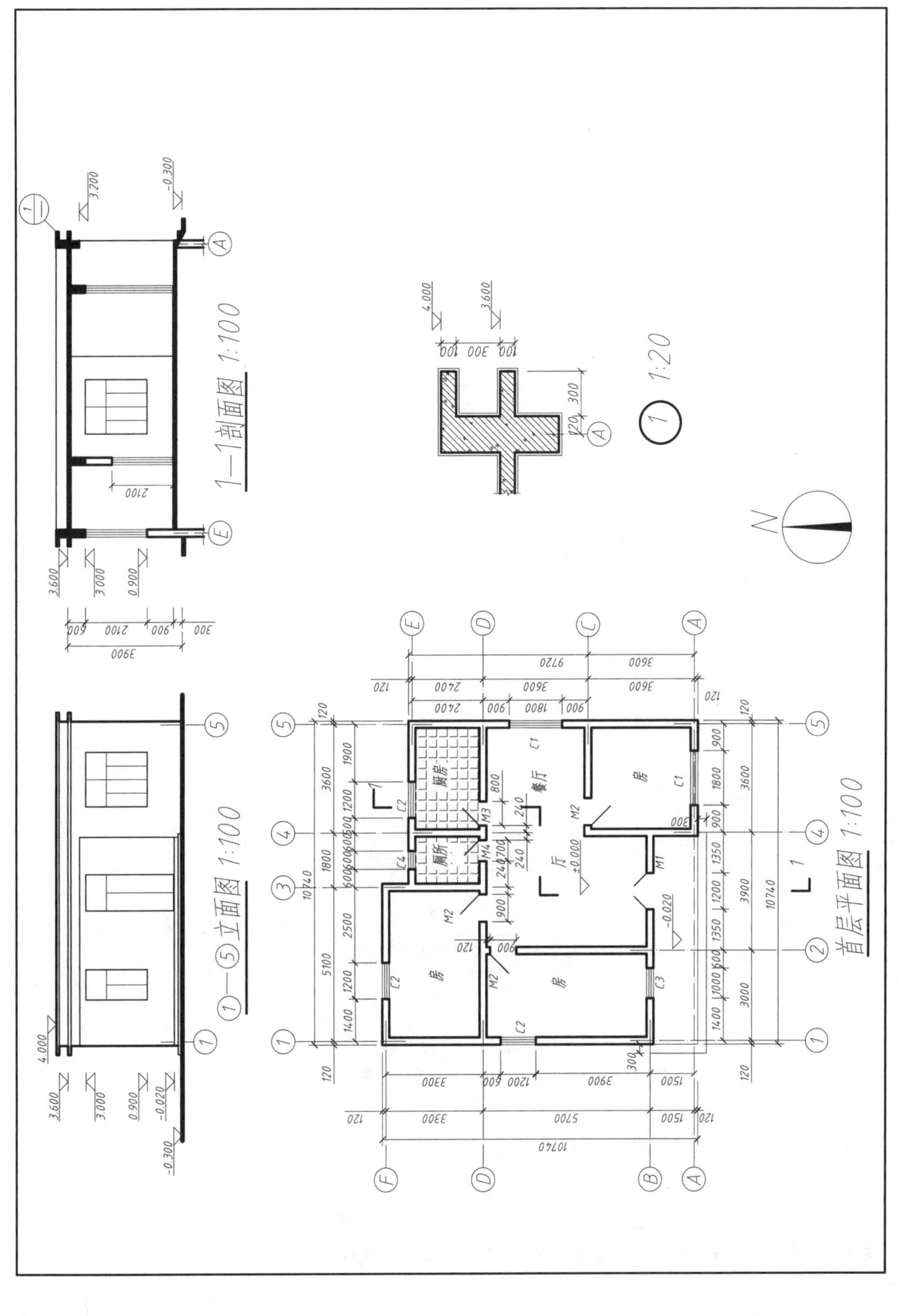

图6-14　建筑施工图

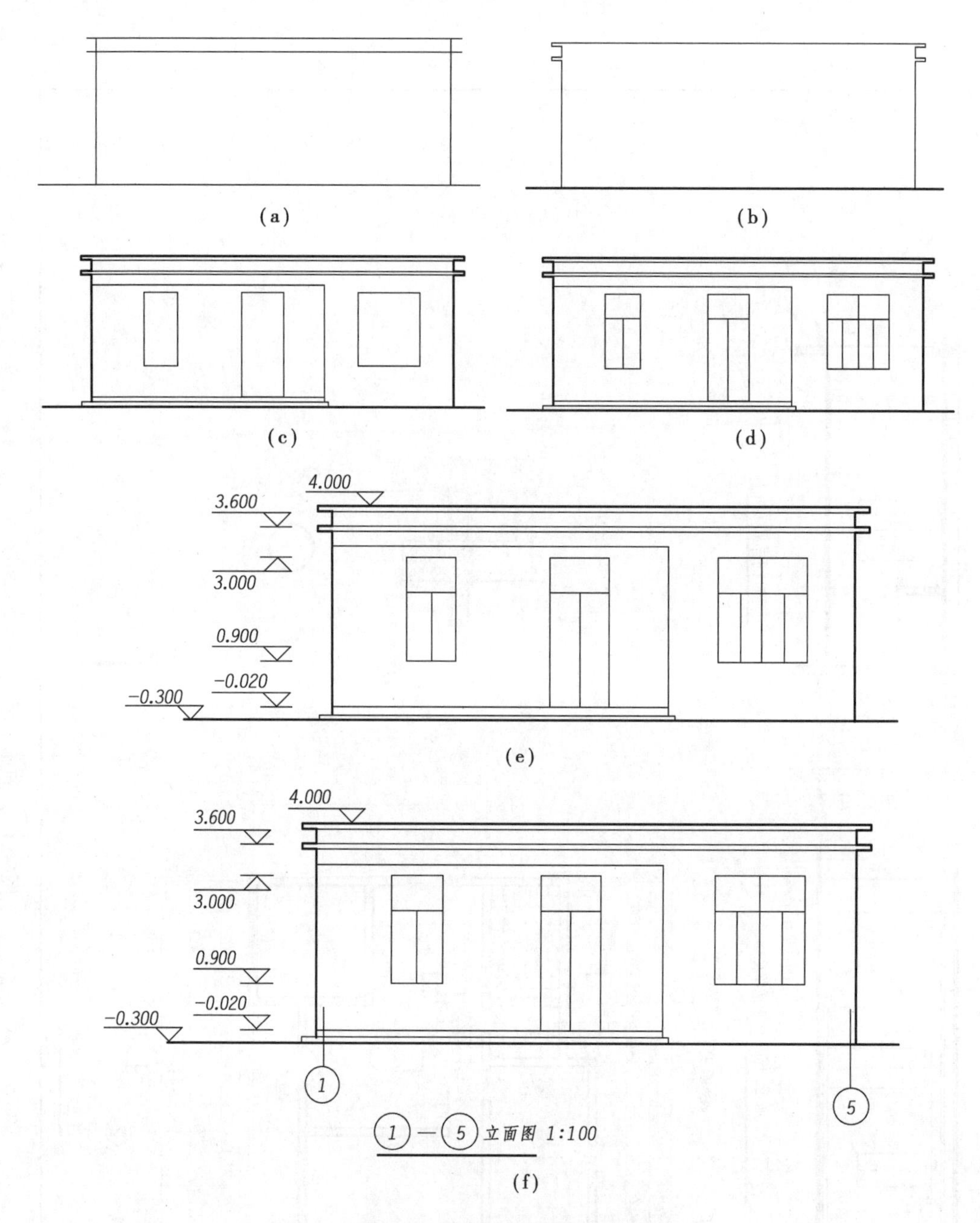

图 6-15　建筑立面图绘制过程

提示　标高符号可使用带属性的块的方法标注。步骤如下:

绘制块图形:按照如图 6-16 所示的尺寸,绘制标高符号的图形。

定义块属性:依次选择“绘图”→“块”→“定义属性”,出现如图 6-17 所示“属性定义”对话框,按照图中所示设置块属性的各项参数。

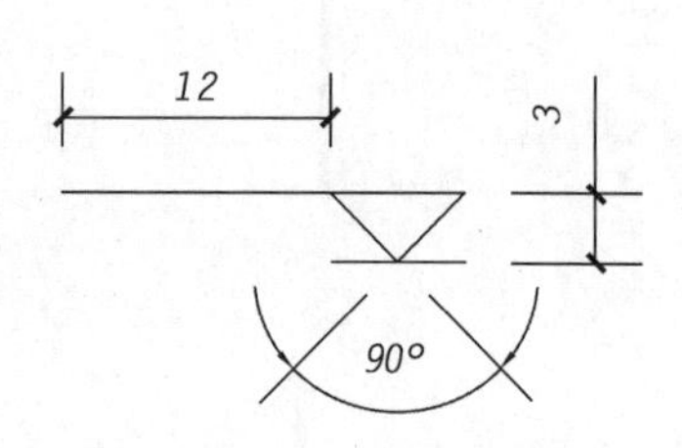

图 6-16　标高符号

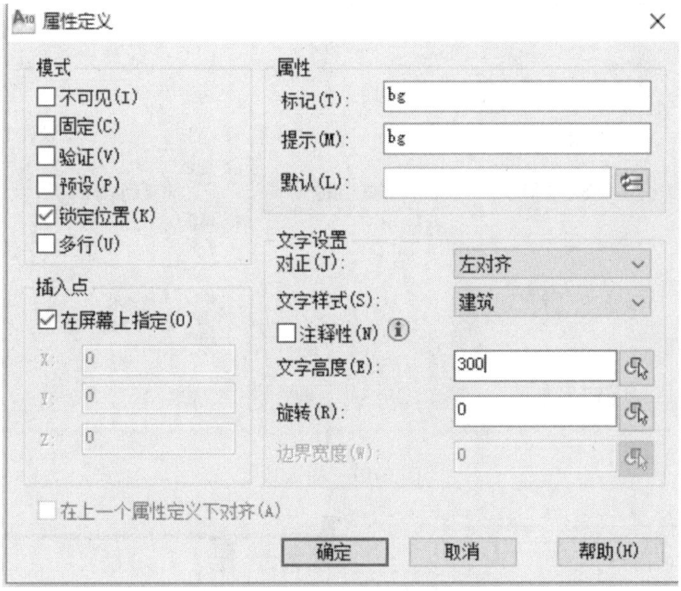

图 6-17　“属性定义”对话框

创建块:执行“创建块”命令,打开“块定义”对话框,按照图 6-18 所示设置块定义的各项参数。块名:bg;单击 “选择对象”按钮,用光标选中标高图形和属性;单击“拾取点”按钮,选择标高图形符号中三角形下顶点作为插入点;最后单击“确定”按钮,即完成了块的定义。

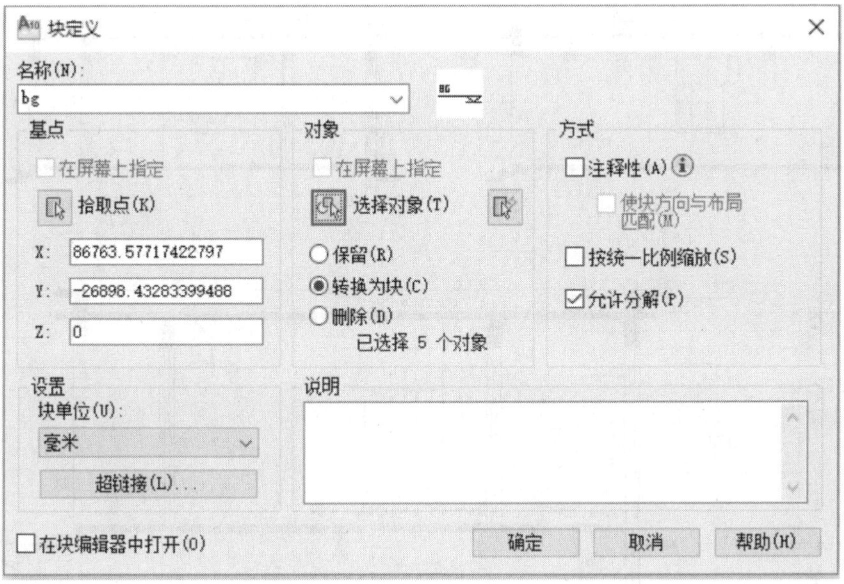

图 6-18　创建块

插入块:执行“插入块”命令,打开“插入”对话框,如图 6-19 所示。在下拉式列表框中选择块名:bg,单击“确定”按钮,此时光标带着块图出现,插入图中。

(4)绘制建筑剖面图。

建筑剖面图是对建筑物内部结构在垂直方向上的表达,绘制时运用高平齐、宽相等的投影原则结合平立面进行。绘制建筑剖面图的步骤如图 6-20 所示。

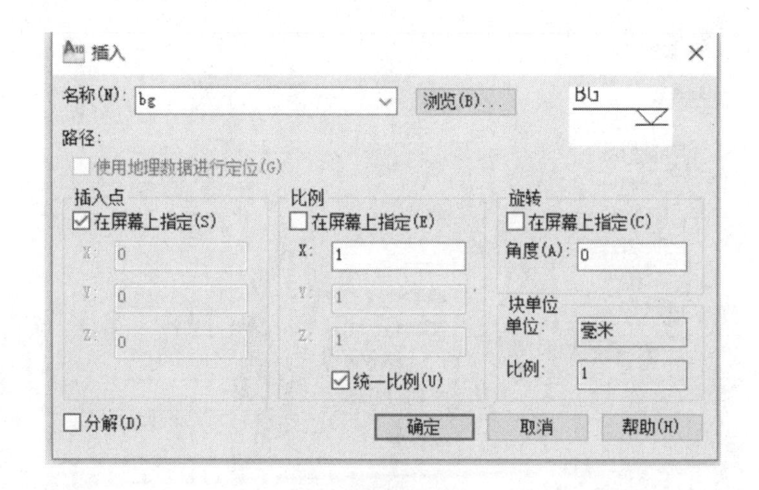

图 6-19　插入块

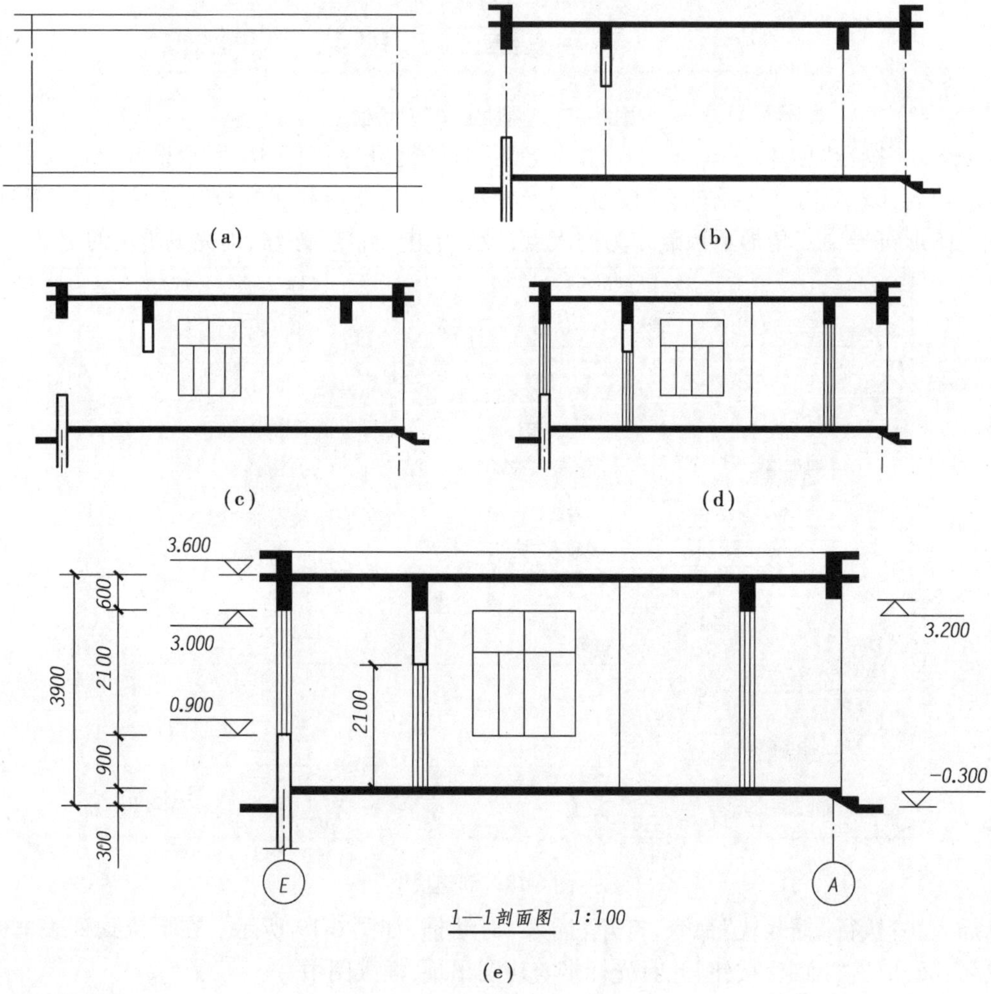

(a)

(b)

(c)

(d)

3.600
3.000
0.900
3.200
-0.300
3900
600
2100
900
300
2100
E
A

1—1剖面图　1:100

(e)

图 6-20　建筑剖面图绘制过程

(5)绘制建筑详图。

建筑详图是对建筑物某一结构的局部放大图样。绘制详图有两种基本方法:利用绘图和编辑命令等进行绘制;利用剖面图原尺寸,剪切局部再放大后进行绘制。本例采用方法二,其绘制步骤如图 6-21 所示。

①复制剖面图的局部图线(根据剖面图索引符号)。

②利用 Scale 命令放大图形 5 倍(根据详图比例)。

③用中实线绘制未剖切到的可见构配件。

④用细实线绘制 100 mm 厚的粉刷层。

提示　可通过 PE(多段线编辑)命令把原有图线拟合成一条多段线,再偏移成粉刷层。

⑤绘制材料图例。

⑥标注标高、尺寸、图名和比例。

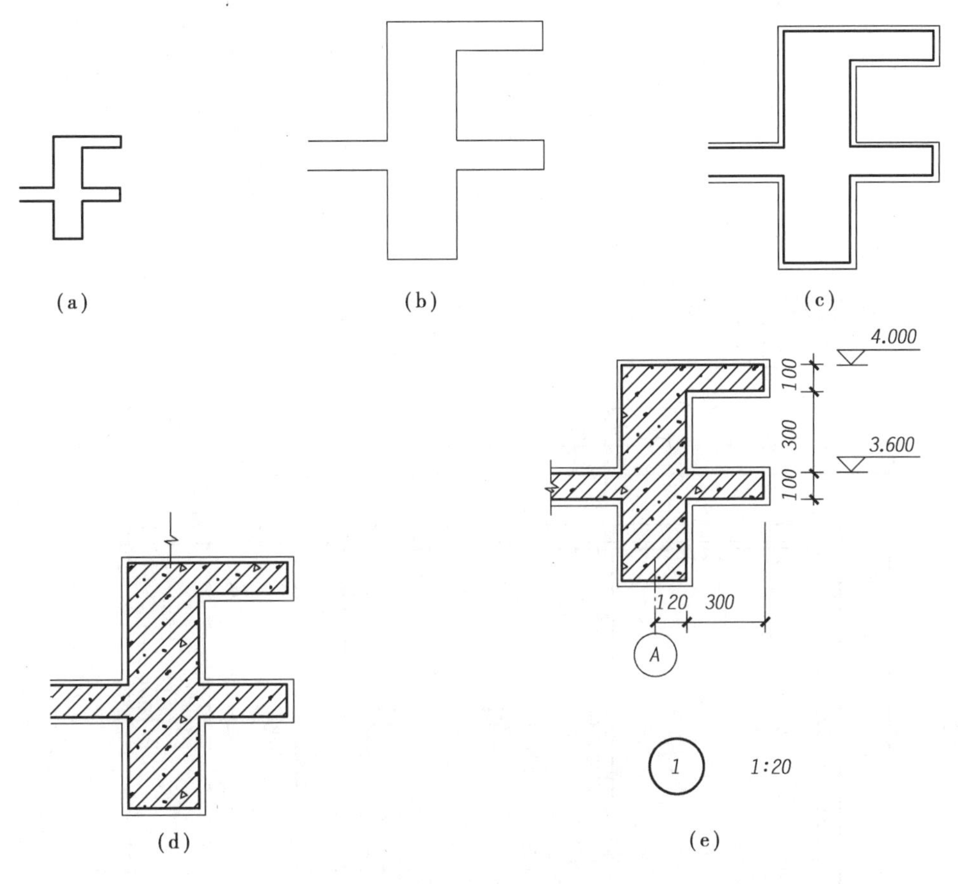

图 6-21　建筑详图绘制过程

提示　由于详图是局部放大后的图样,需另设置详图尺寸标注样式,在设置时应注意比例的设定。如图 6-22 所示,选择“主单位”选项卡,设置测量比例因子为“0.2(原图比例/详图比例)”。

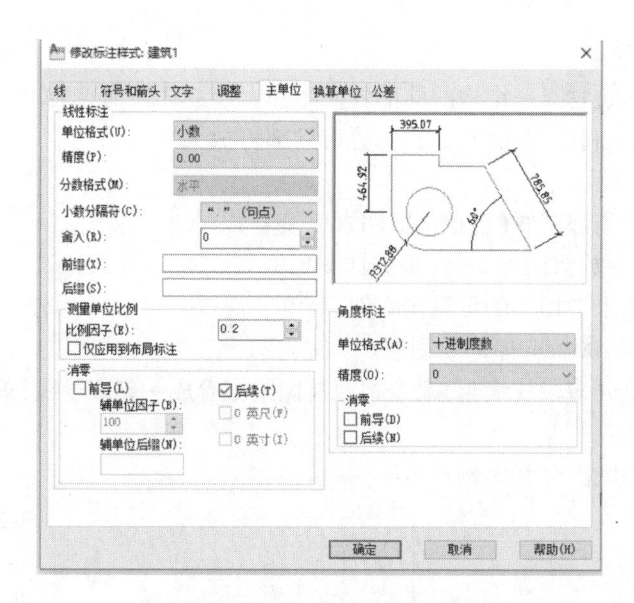

图 6-22　建筑详图测量比例的设定

6.4　建筑施工图绘制训练

(1)绘制图 6-23 至图 6-27 所示的建筑平面图。

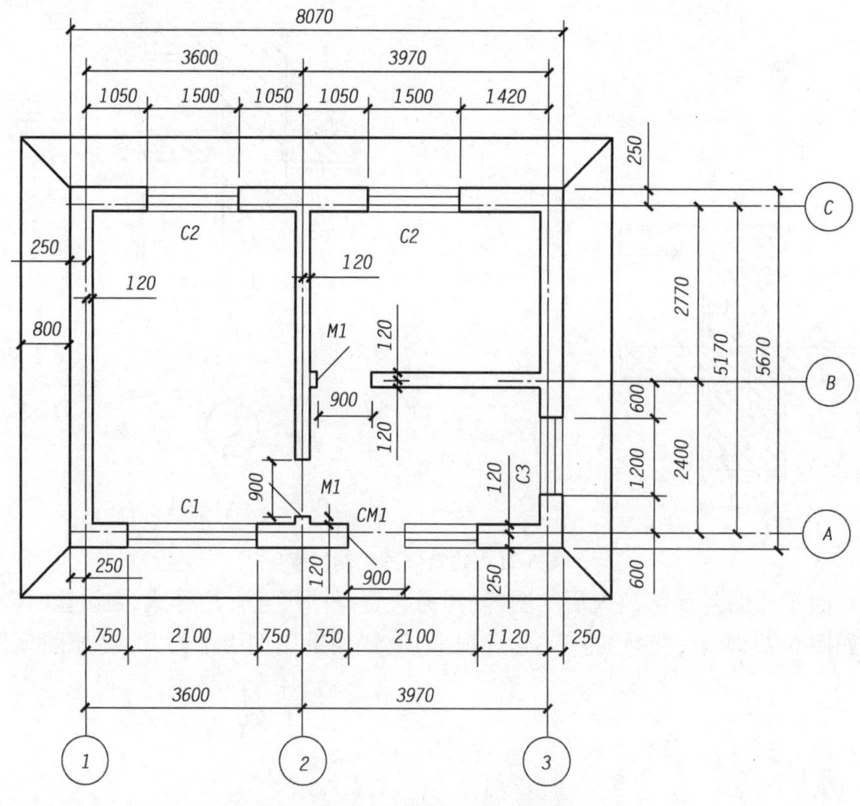

图 6-23　建筑平面图训练 1

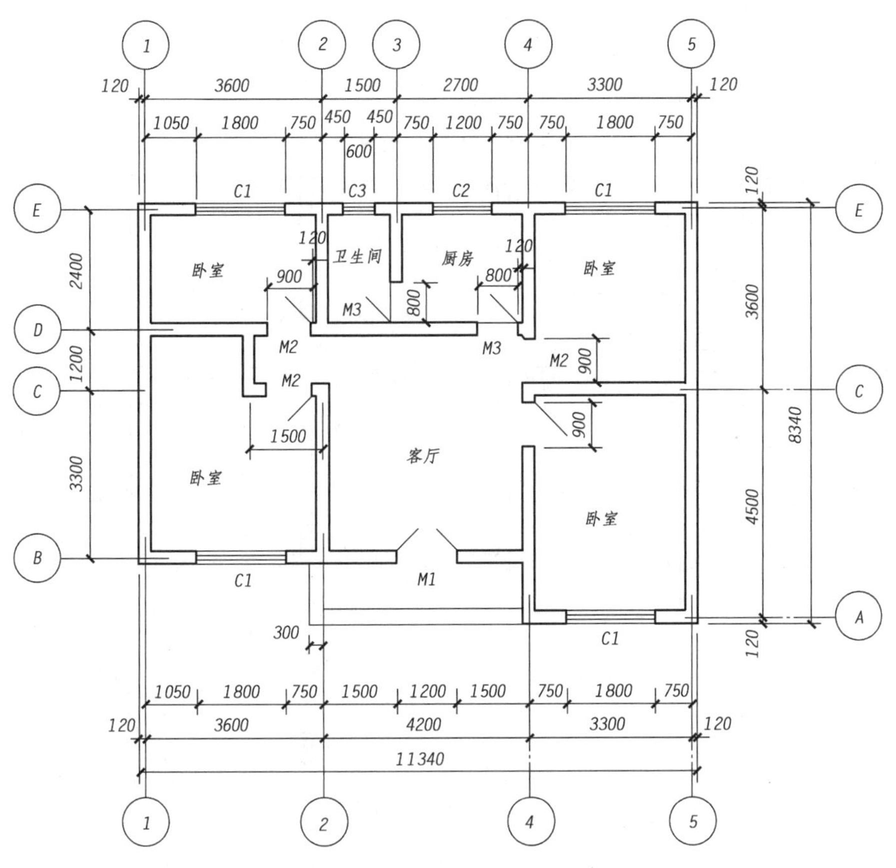

图6-24　建筑平面图训练2

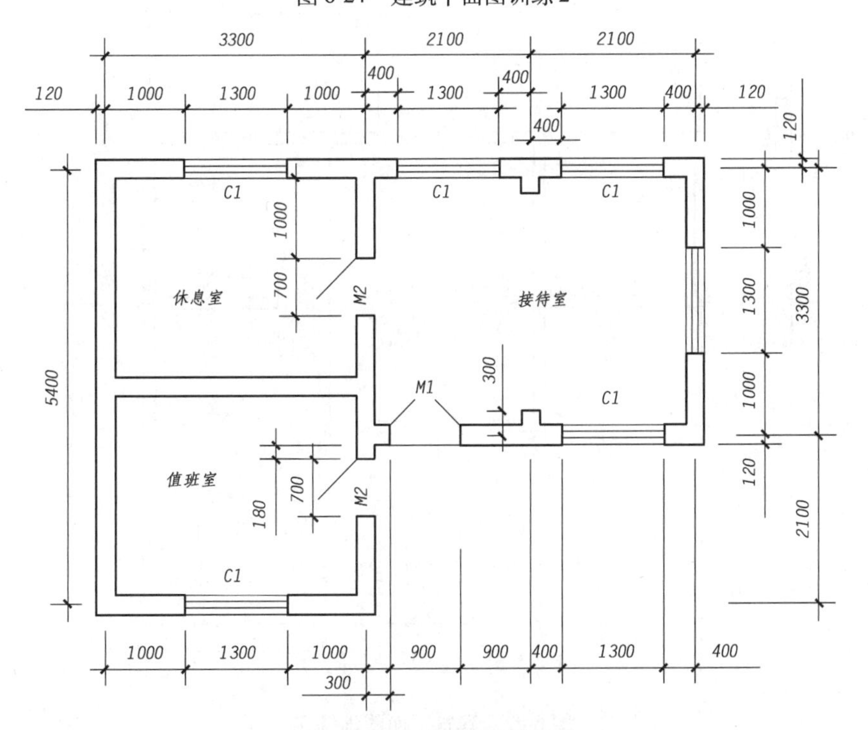

图6-25　建筑平面图训练3

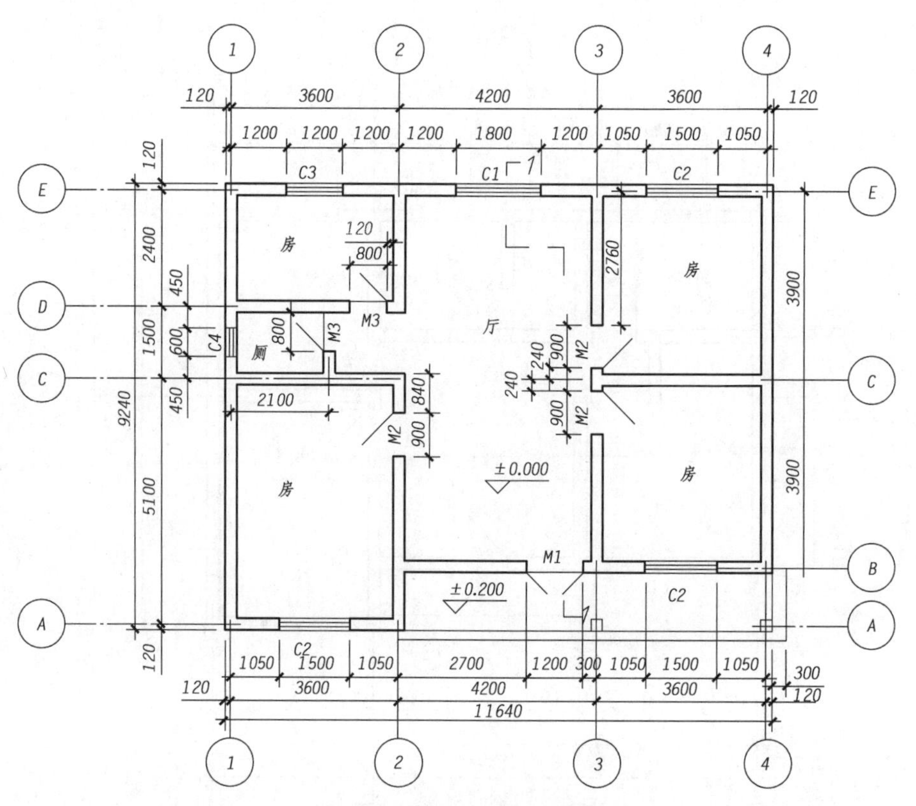

图 6-26　建筑平面图训练 4

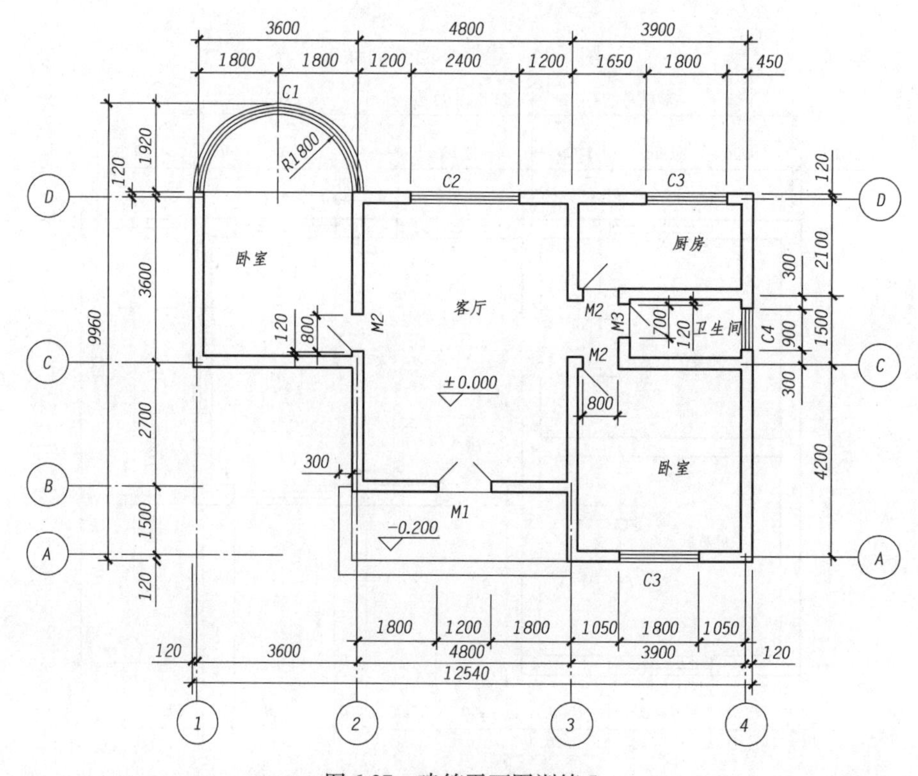

图 6-27　建筑平面图训练 5

(2)绘制图6-28、图6-29所示的建筑施工图。

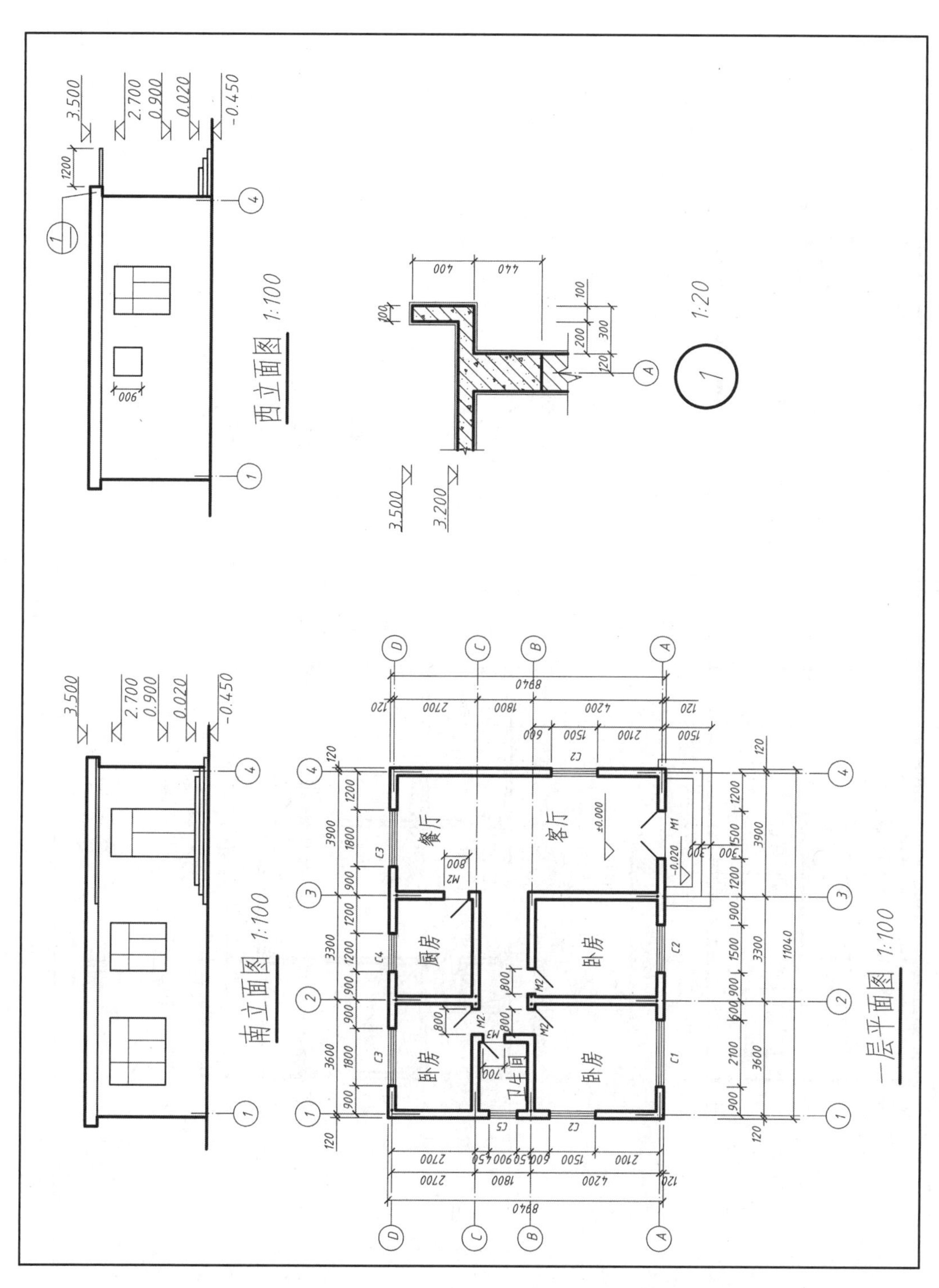

图6-28　建筑施工图训练1

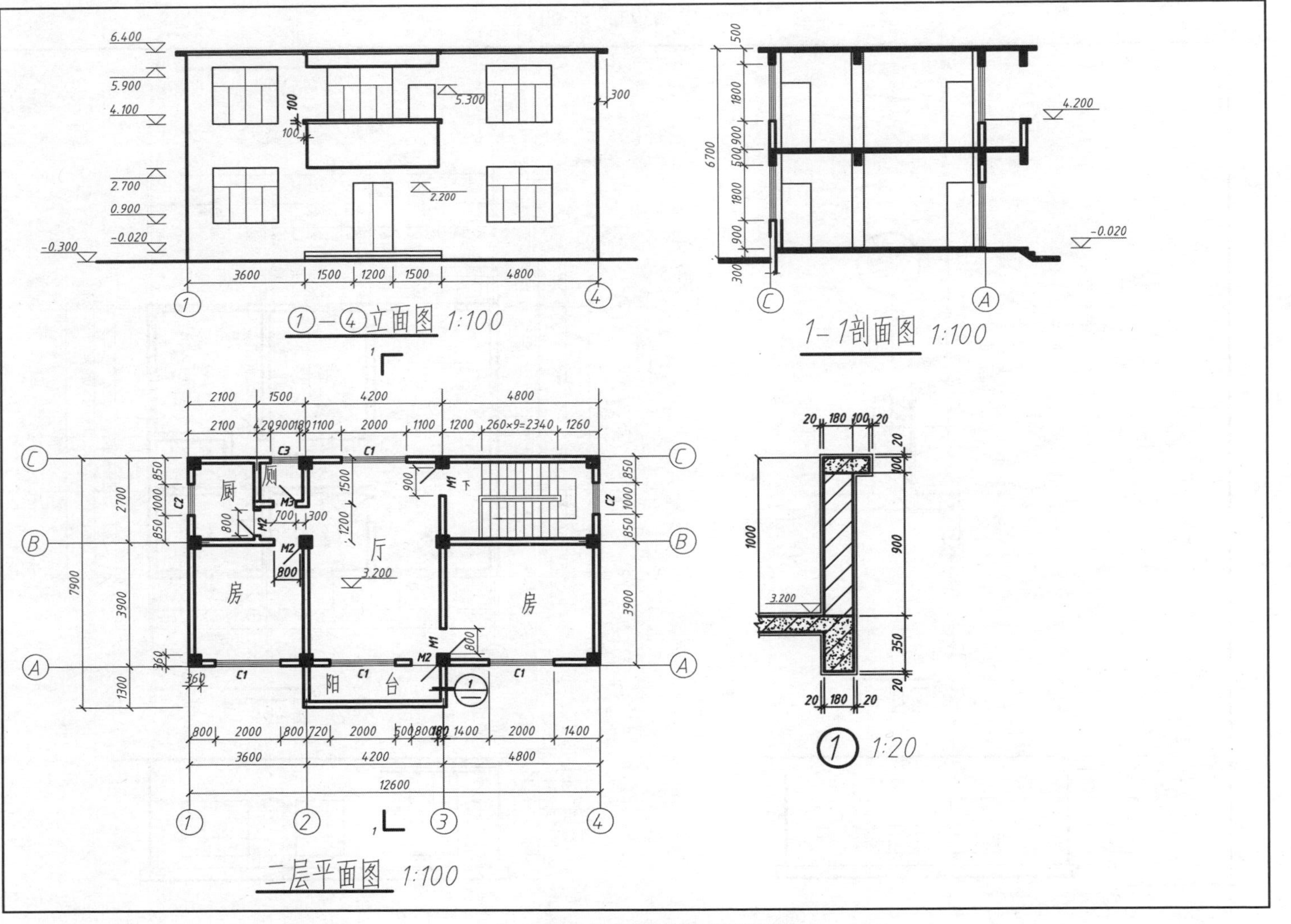

图6-29 建筑施工图训练2

第 7 章 AutoCAD 综合自测题

自测题说明：

(1)在 C 或 D 盘中建立一个以本人姓名命名的文件夹。

(2)按题目要求作图,作图结果保存到已建立的文件夹中。

(3)考试时间为 180 分钟。

7.1 机械类综合自测模拟试题

7.1.1 机械类综合自测模拟试题-1

1)基本设置(8 分)

在 AutoCAD 中新建一个图形文件,命名为 A1. dwg,在其中完成下列工作:

(1)按以下规定设置图层及线型,并设定线型比例为 0.4。

图层名称	颜色(颜色号)	线 型
01	白 (7)	实线 Continuous (粗实线用)
02	绿 (3)	实线 Continuous (细实线用)
04	黄 (2)	虚线 ACAD_ISO02W100 (细虚线用)
05	红 (1)	点画线 ACAD_ISO04W100 (细点画线用)
07	洋红(6)	双点画线 ACAD_ISO05W100 (双点画线用)
08	绿 (3)	实线 Continuous (尺寸标注、公差标注、指引线、表面结构代号用)
09	绿 (3)	实线 Continuous (装配图序列号用)
10	绿 (3)	实线 Continuous (剖面符号用)
11	绿 (3)	实线 Continuous (细实线文本用)

(2)按1∶1比例画A3图幅(横装),留装订边,画出图框线和图纸边界线,其中图纸边界线画细实线,图框线画粗实线。

(3)按国家标准的有关规定设置文字样式,然后画出并填写图7-1所示的标题栏(不标注尺寸)。

(图样名称)		(材料标识)	
考试姓名	张山	题号	A1
准考证号码	1234567890123	比例	1:1

图7-1　标题栏

(4)完成以上各项后,仍然以A1. dwg为文件名保存作图结果。

2)抄画平面图形(10分)

(1)绘图前先打开图形文件A1. dwg,作图结果以A12. dwg为文件名保存。

(2)用1∶1比例抄画图7-2所示的平面图形,不标注尺寸。

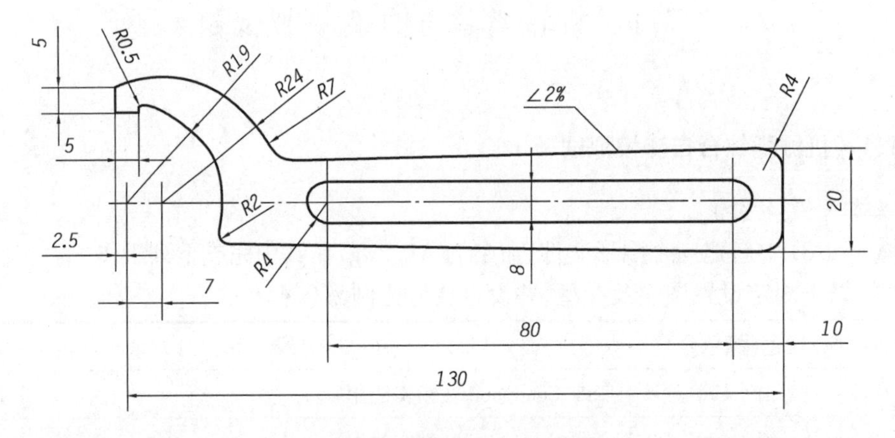

图7-2　抄画平面图形

3)抄画两个视图并补画第三个视图(10分)

(1)绘图前先打开图形文件A1. dwg,作图结果以A13. dwg为文件名保存。

(2)按图7-3所示的图形抄画两个视图,然后补画第三个视图,不标注尺寸。

4)改画视图为剖视图 (10分)

(1)绘图前先打开图形文件A1. dwg,作图结果以A14. dwg为文件名保存。

(2)按图7-4所示的图形,先抄画三个视图,并把主视图改画成半剖视图,左视图画改成全剖视图。

5)抄画零件图(45分)

(1)抄画图7-5所示的零件图。绘图前先打开图形文件A1. dwg,作图结果以A15. dwg为文件名保存。

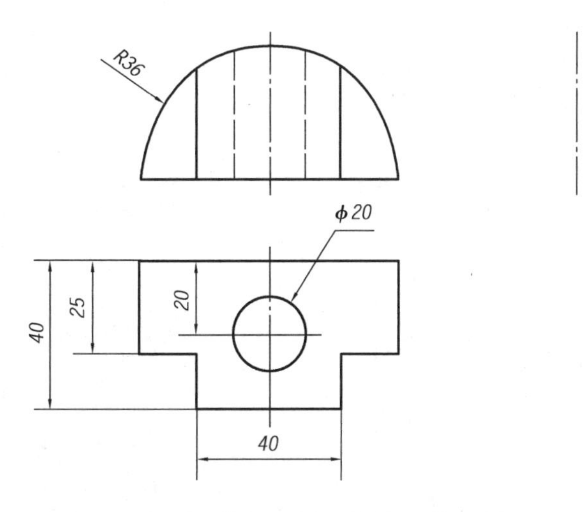

图 7-3　抄画立体的两个视图并补画第三个视图

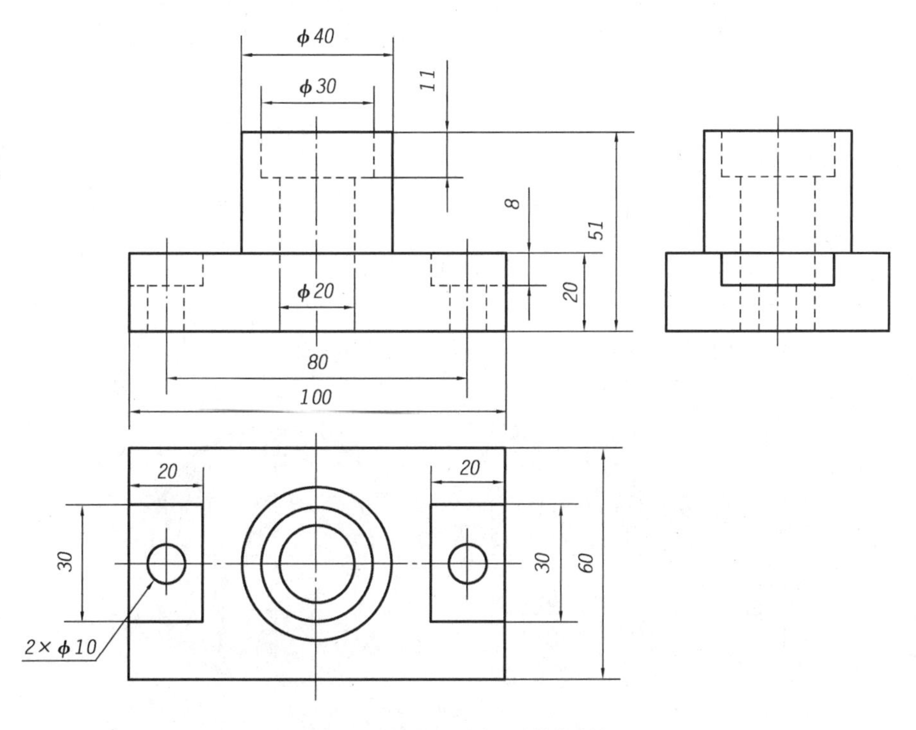

图 7-4　抄画三个视图并作剖视

(2)按国家标准有关规定,设置机械图尺寸标注样式。

(3)标注 *A*—*A* 剖视图的尺寸与粗糙度代号(粗糙度代号要使用带属性的块的方法标注、不用标注右上角"其余..."和"技术要求..."等字样)。

6)根据装配图拆画零件图(12 分)

(1)绘图前先打开图形文件 A1. dwg,作图结果以 A16. dwg 为文件名保存。

(2)按图 7-6 所示的 YLD5 型联轴器装配图拆画零件 1(左联轴器)的零件图,零件尺寸从装配图中按合适的比例量取。

(3)选取合适的视图和表达方法完成零件图的绘制。

(4)按零件图的要求进行尺寸标注。

(5)按零件图的要求标注表面粗糙度符号。

(6)不要求标注形位公差符号和技术要求。

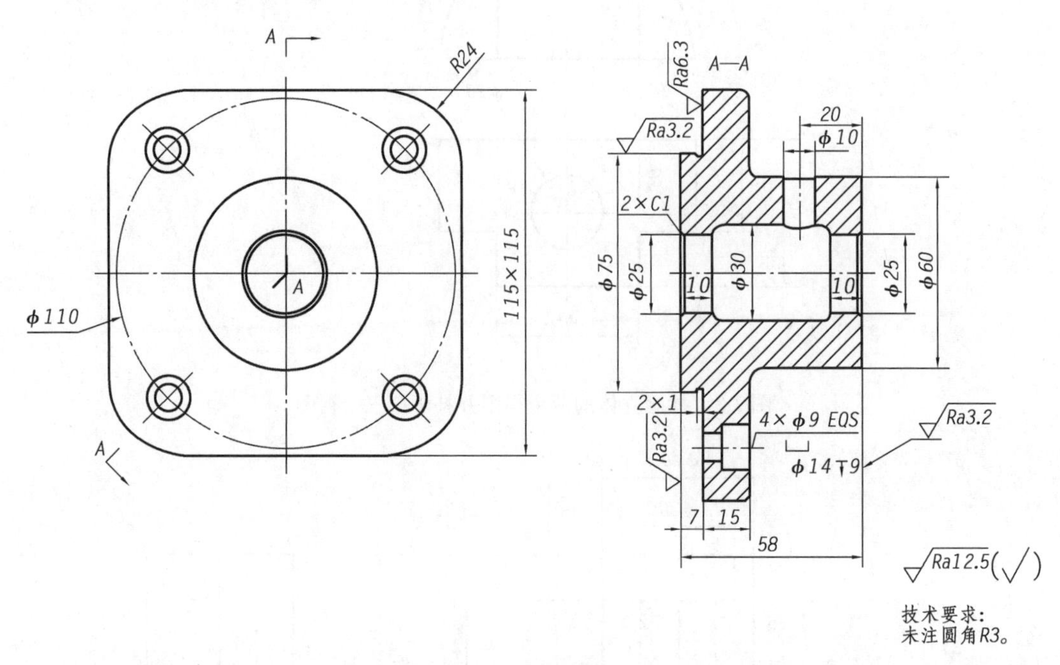

图 7-5　抄画零件图

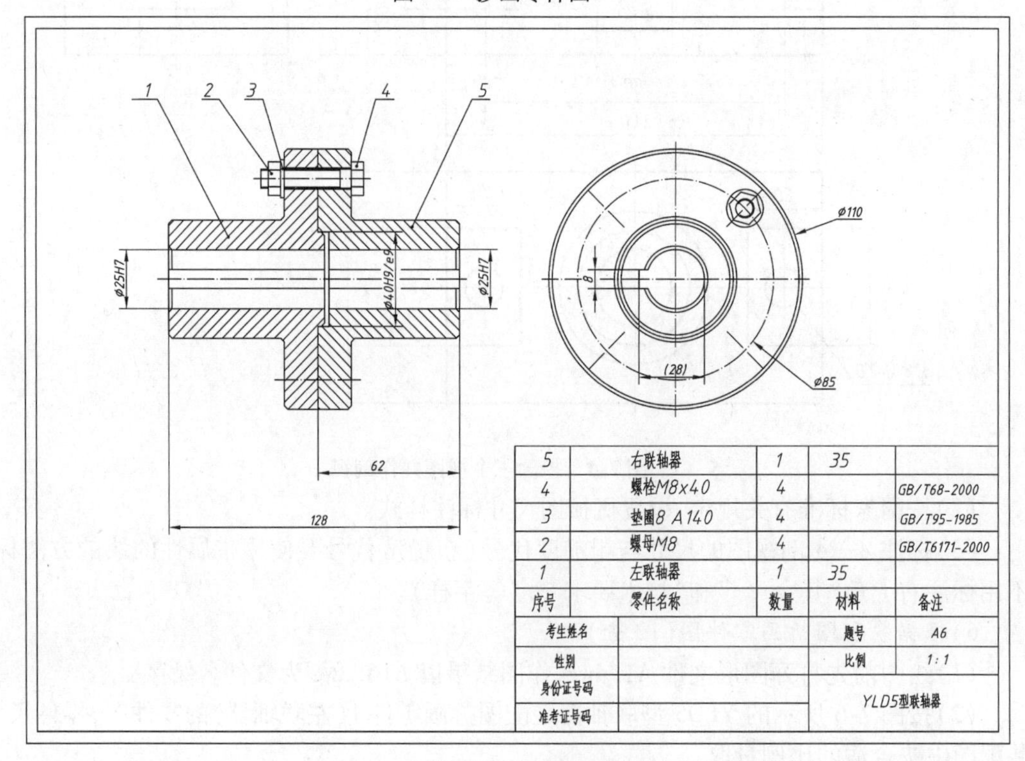

5	右联轴器	1	35	
4	螺栓M8x40	4		GB/T68-2000
3	垫圈8 A140	4		GB/T95-1985
2	螺母M8	4		GB/T6171-2000
1	左联轴器	1	35	
序号	零件名称	数量	材料	备注

考生姓名		题号	A6
性别		比例	1:1
身份证号码		YLD5型联轴器	
准考证号码			

图 7-6　根据装配图拆画零件图

7)将第三角投影视图改画为第一角投影视图(5分)

(1)绘图前,先打开图形文件A1. dwg,作图结果以A17. dwg为文件名保存。

(2)将图7-7所示第三角画法的三视图,用1∶1的绘图比例改画成第一角画法的三视图。

(3)尺寸直接从图中量取并取整。

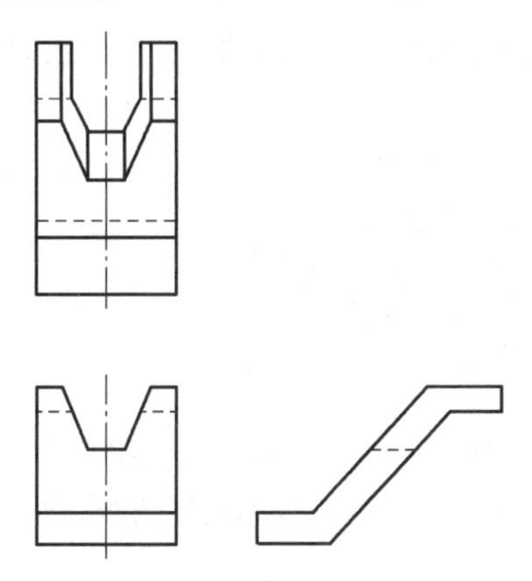

图7-7　将第三角投影视图改画为第一角投影视图

7.1.2　机械类综合自测模拟试题-2

(1)基本。设置内容和保存文件方式与试题-1相同。(8分)

(2)在图形文件A1. dwg上用1∶1比例抄画图7-8所示的平面图形,不注尺寸,作图结果以A22. dwg保存,相关要求同试题。(10分)

(3)在图形文件A1. dwg上,抄画图7-9所示的图形两个视图并补画第三个视图,作图结果以A23. dwg保存,相关要求同试题-1。(10分)

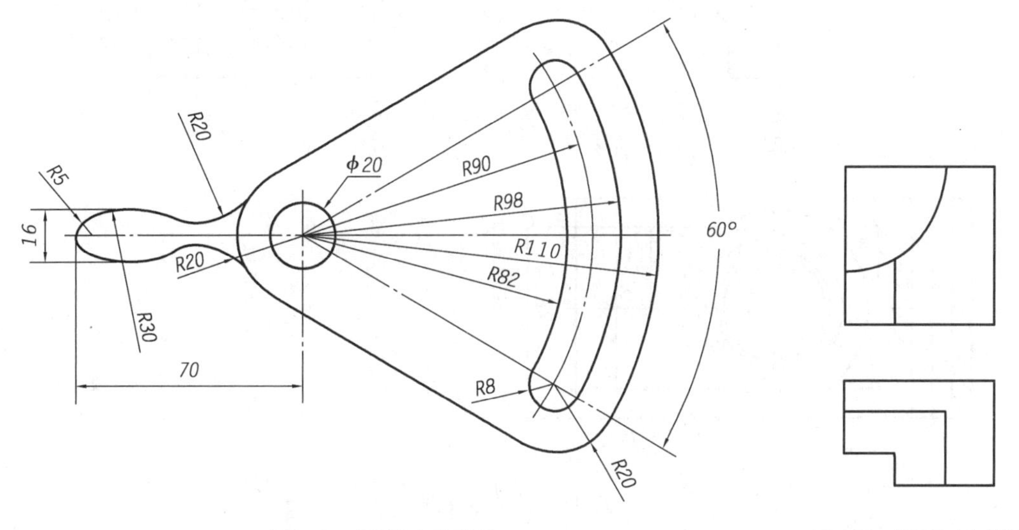

图7-8　抄画平面图形

图7-9　抄画两个视图并补画第三个视图

(4)在图形文件A1. dwg上改画图7-10所示的图形,把主视图画成半剖视图,左视图画成全剖视图。尺寸自定,作图结果以A24. dwg保存,相关要求同试题-1。(10分)

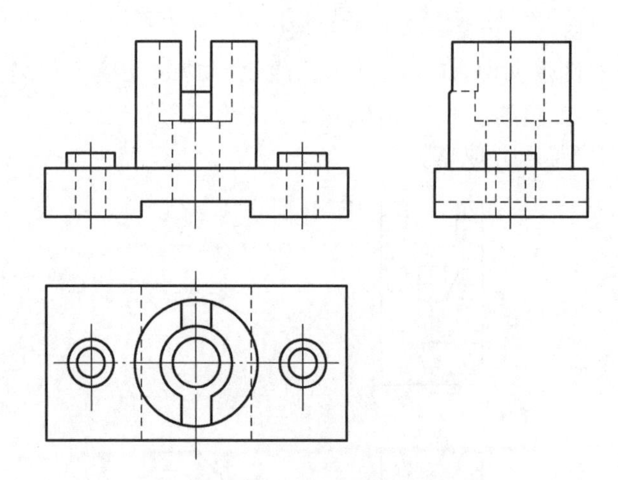

图 7-10　改画立体的视图为剖视图

(5)在图形文件 A1. dwg 上抄画图 7-11 所示的零件图,作图结果以 A25. dwg 保存,相关要求同试题-1。(45 分)

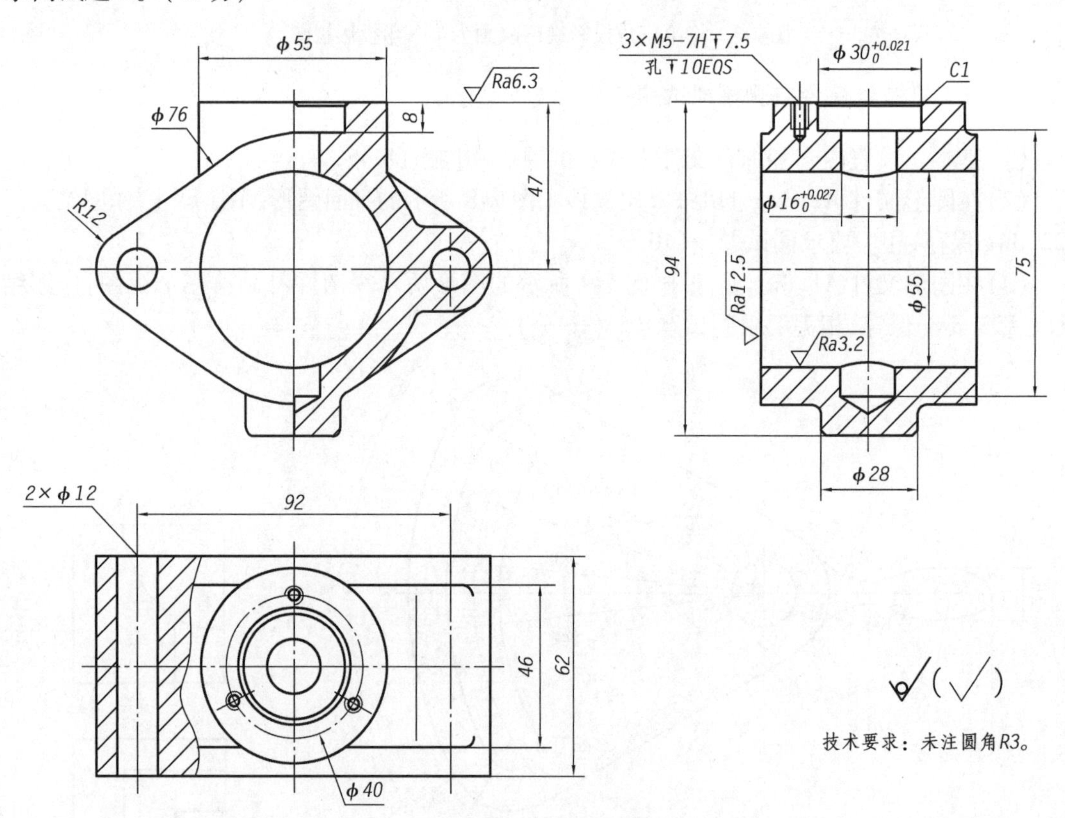

图 7-11　抄画零件图

(6)在图形文件 A1. dwg 上,按图 7-12 所示的套筒联轴器装配图拆画零件 1(套筒)的零件图,作图结果以 A26. dwg 保存。相关要求同试题-1。(12 分)

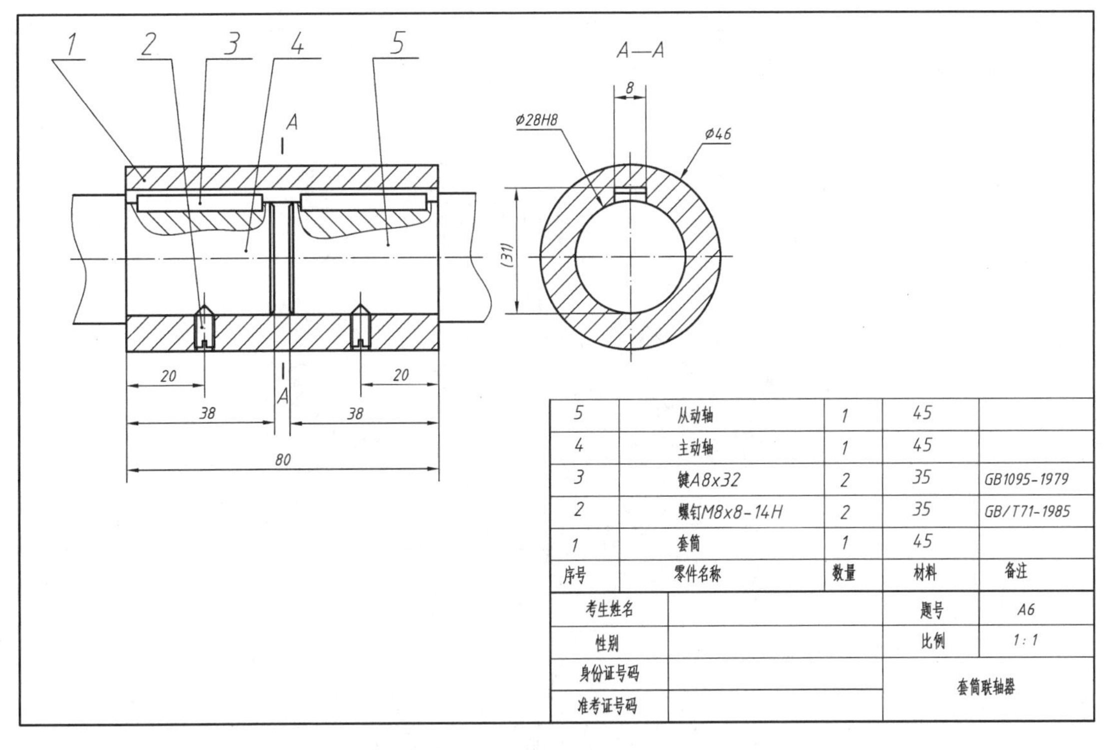

图 7-12　根据装配图拆画零件图

(7)将图 7-13 所示的第三角投影视图改画为第一角投影视图,作图结果以 A27.dwg 为文件名保存,相关要求同试题-1。(5 分)

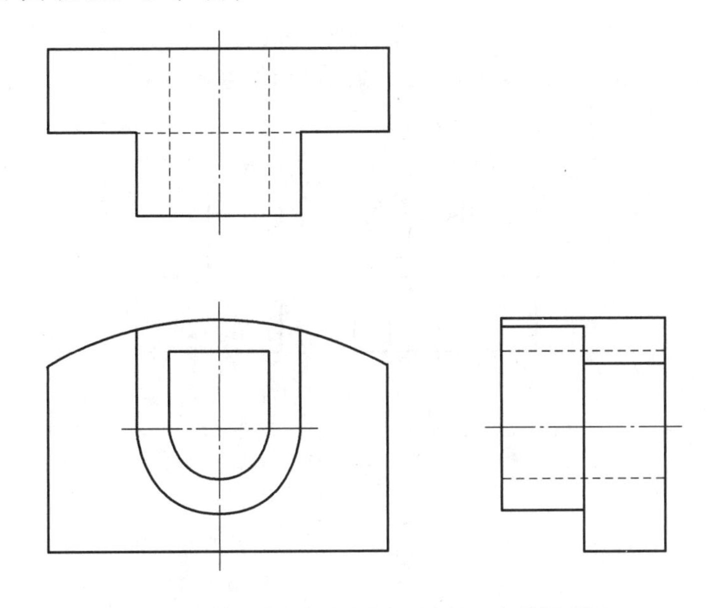

图 7-13　将第三角投影视图改画为第一角投影视图

7.1.3　机械类综合自测模拟试题-3

(1)基本设置内容和保存文件方式同试题-1。(8 分)

(2)在图形文件 A1. dwg 上用 1∶1 比例抄画图 7-14 所示的平面图形，不注尺寸，作图结果以 A32. dwg 保存，相关要求同试题-1。(10 分)

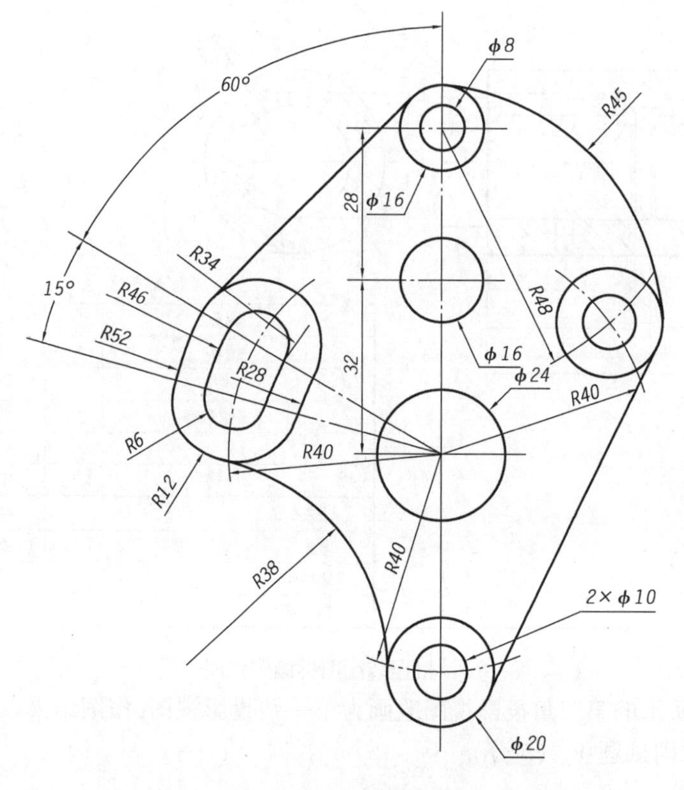

图 7-14　抄画平面图形

(3)在图形文件 A1. dwg 上抄画图 7-15 所示的两个视图并补画第三个视图，作图结果以 A33. dwg 保存，相关要求同试题-1。(10 分)

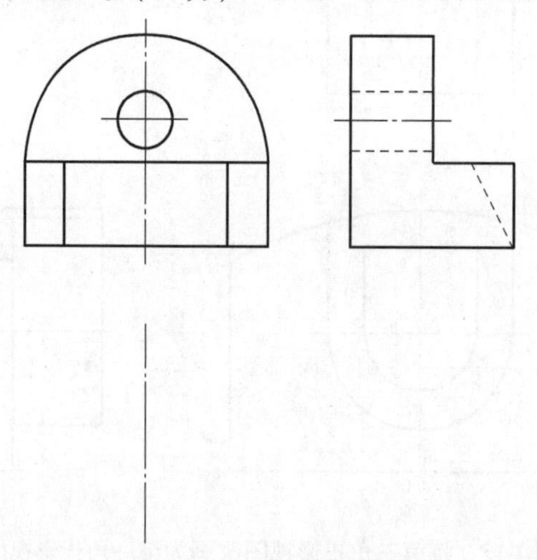

图 7-15　抄画立体的两个视图并补画第三个视图

(4)在图形文件 A1. dwg 上改画图 7-16 所示的图形，把主视图画成半剖视图，左视图画成全剖视图，尺寸自定。作图结果以 A34. dwg 保存，相关要求同试题-1。(10 分)

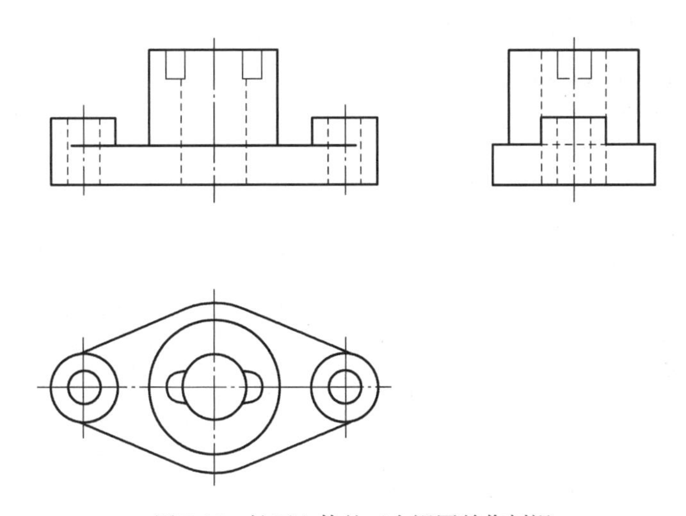

图 7-16　抄画立体的三个视图并作剖视

(5)在图形文件 A1. dwg 上抄画图 7-17 所示的零件图,作图结果以 A35. dwg 保存,相关要求同试题-1。(45 分)

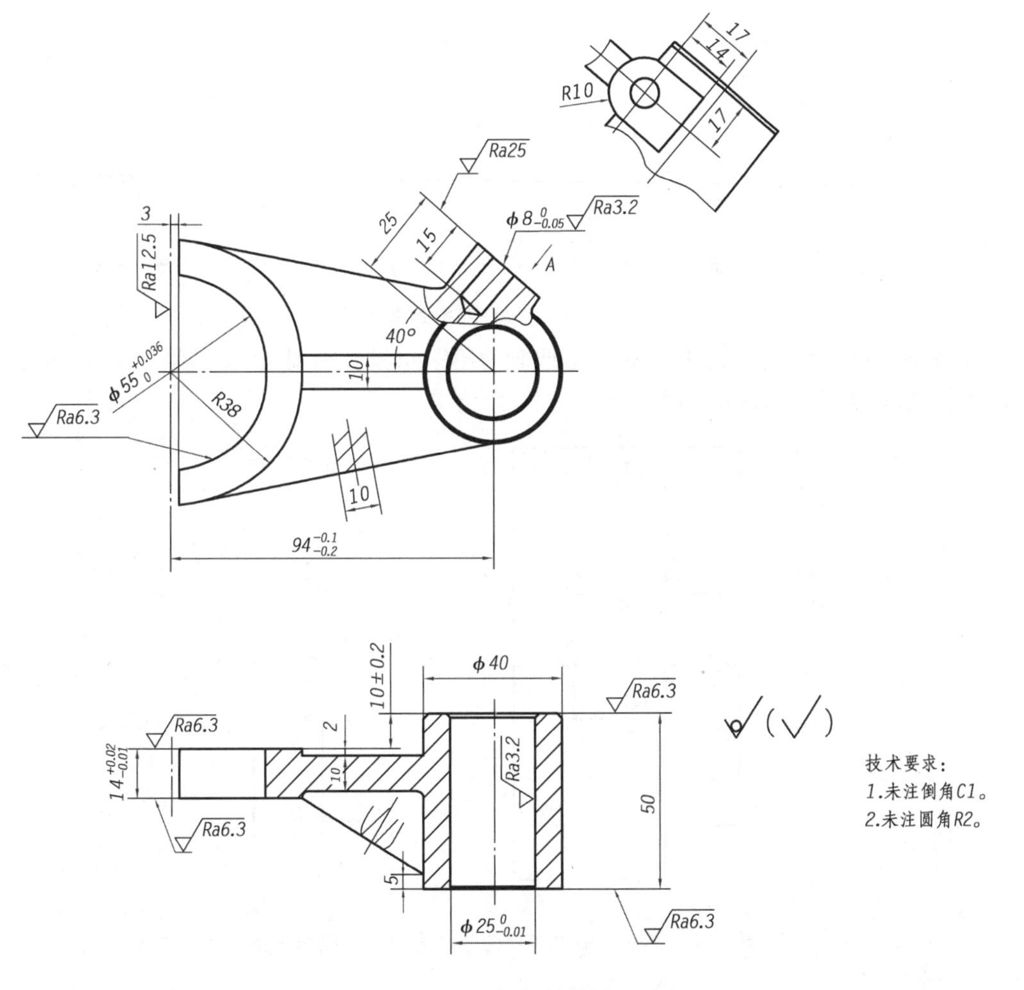

图 7-17　抄画零件图

(6)在 A1. dwg 文件上按图 7-18 所示的镜子托架装配图拆画零件 3(托架)的零件图,以 A36. dwg 文件名保存,相关要求同试题-1。(12 分)

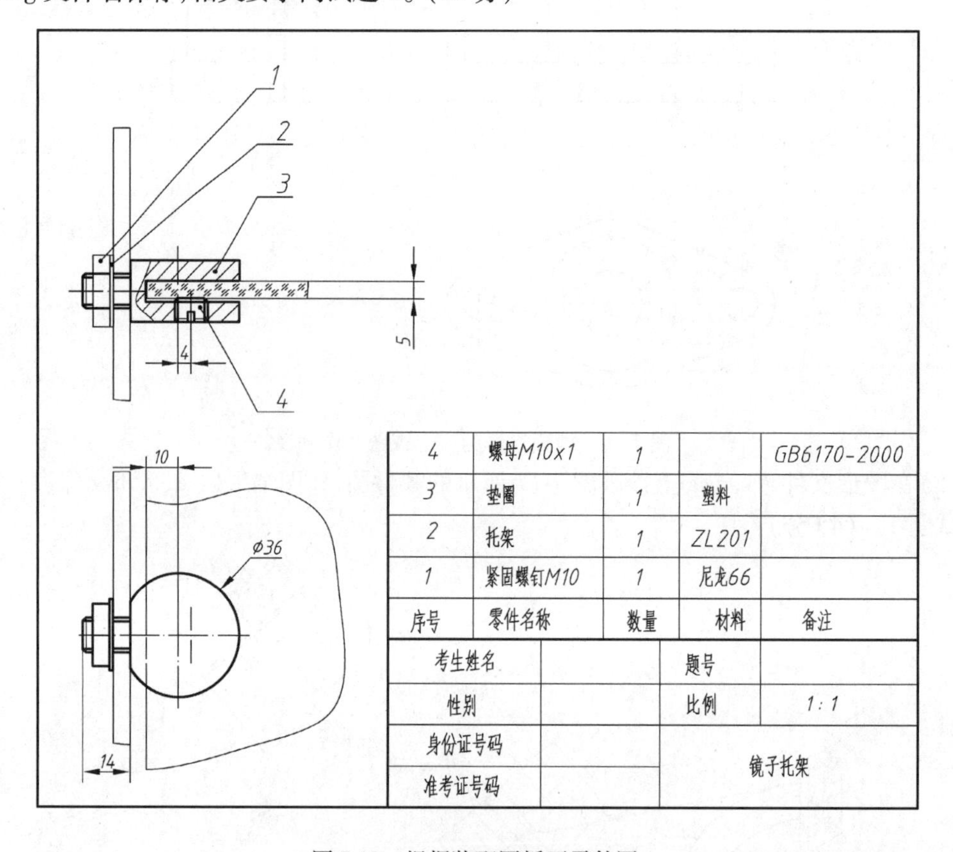

图 7-18　根据装配图拆画零件图

(7)将图 7-19 所示的第三角投影视图改画为第一角投影视图,作图结果以 A37. dwg 为文件名保存,相关要求同试题-1。(5 分)

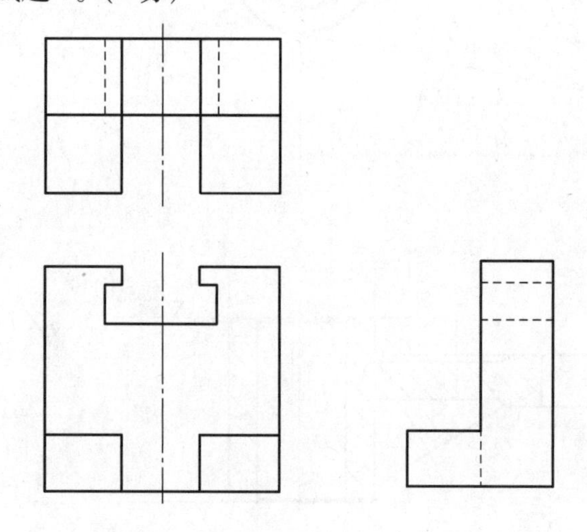

图 7-19　将第三角投影视图改画为第一角投影视图

7.1.4　机械类综合自测模拟试题-4

(1)基本设置内容和保存文件方式同试题-1。(8分)

(2)在图形文件A1.dwg上用1∶1比例抄画图7-20所示的平面图形,不注尺寸,作图结果以A42.dwg保存,相关要求同试题-1。(10分)

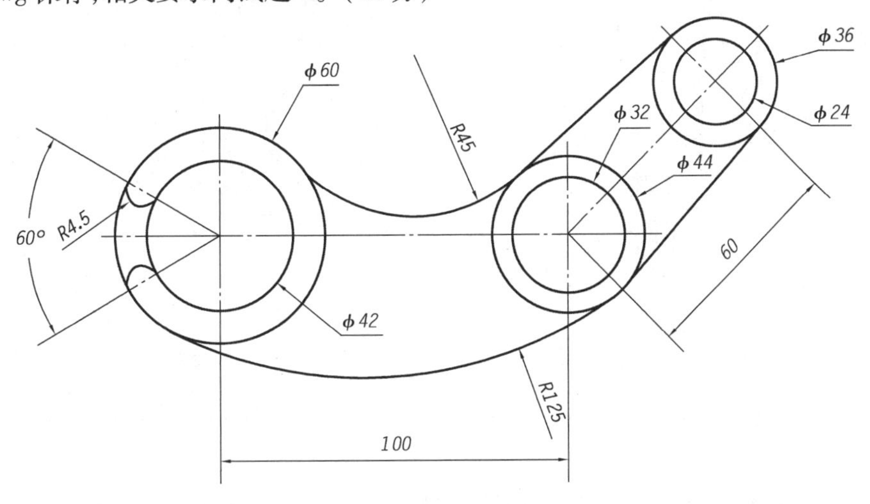

图7-20　抄画平面图形

(3)在图形文件A1.dwg上抄画图7-21所示的两个视图并补画第三个视图,作图结果以A43.dwg保存,相关要求同试题-1。(10分)

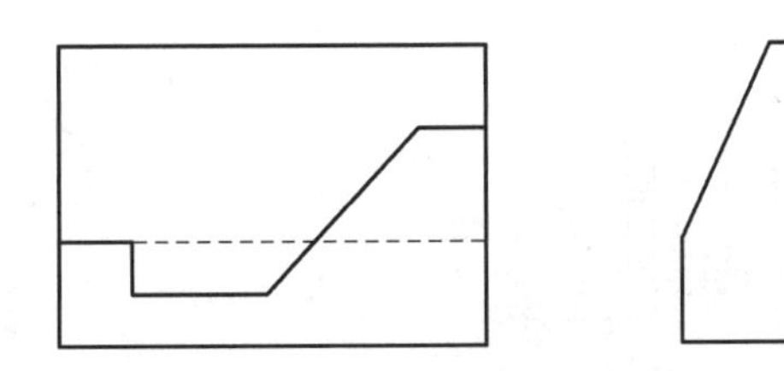

图7-21　抄画两个视图并补画第三个视图

(4)在A1.dwg文件上将图7-22所示的主视图画成全剖视图,左视图改画成半剖视图,尺寸自定,以A44.dwg文件名保存,相关要求同试题-1。(10分)

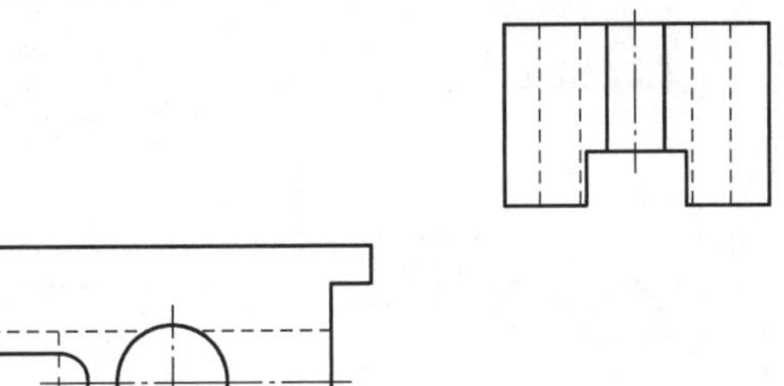

图7-22　画剖视图

(5)在图形文件A1.dwg上抄画图7-23所示的零件图,作图结果以A45.dwg保存,相关要求同试题-1。(45分)

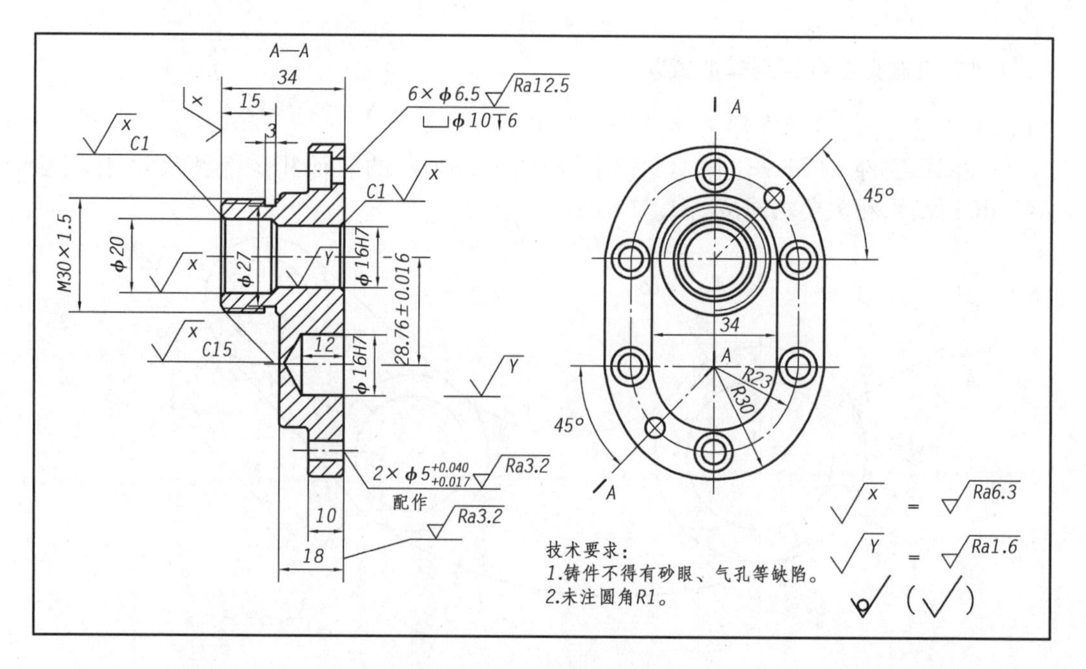

图 7-23　抄画零件图

(6)在 A1. dwg 文件上按如图 7-24 所示的双向扶杆支座装配图拆画零件 2(中支座)的零件图,以 A46. dwg 文件名保存,相关要求同试题-1。(12 分)

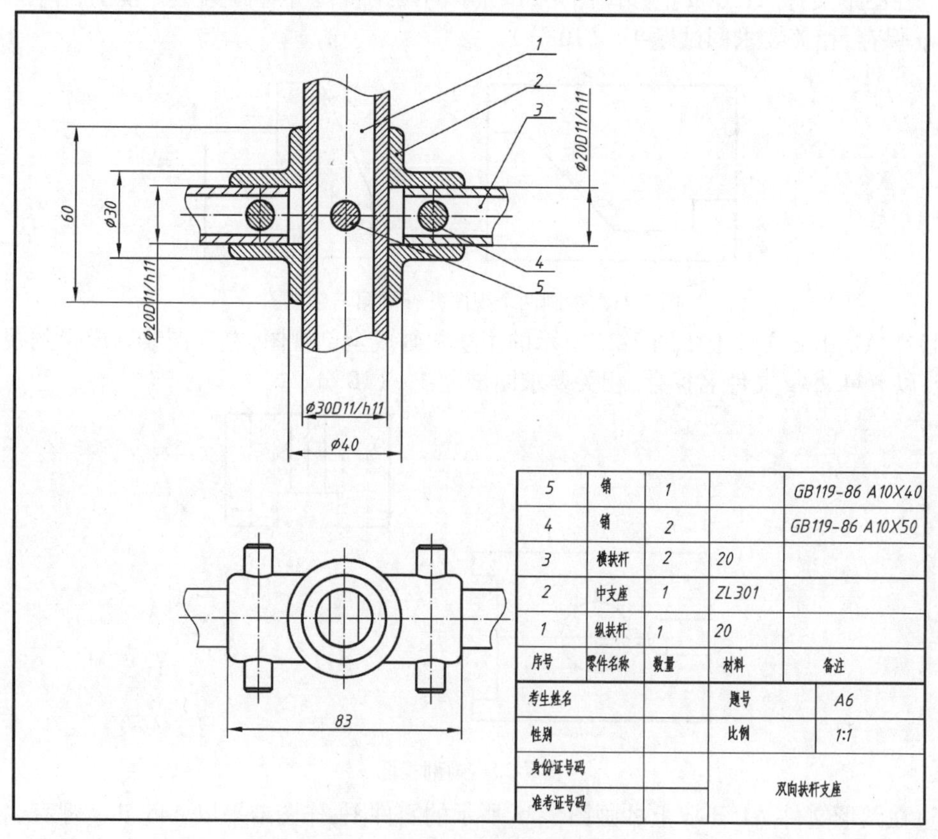

5	销	1		GB119-86 A10X40
4	销	2		GB119-86 A10X50
3	横扶杆	2	20	
2	中支座	1	ZL301	
1	纵扶杆	1	20	
序号	零件名称	数量	材料	备注

考生姓名		题号	A6
性别		比例	1:1
身份证号码		双向扶杆支座	
准考证号码			

图 7-24　根据装配图拆画零件图

(7)将图 7-25 所示的第三角投影视图改画为第一角投影视图,作图结果以 A47. dwg 为文件名保存,相关要求同试题-1。(5 分)

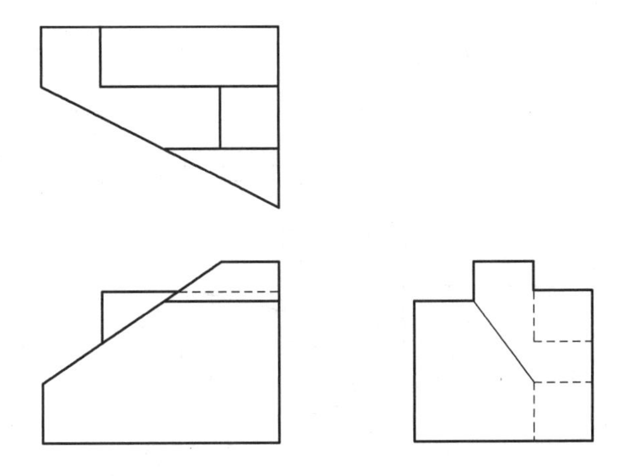

图 7-25　将第三角投影视图改画为第一角投影视图

7.1.5　机械类综合自测模拟试题-5

(1)基本设置内容和保存文件方式同试题-1(8 分)。

(2)在图形文件 A1. dwg 上用 1∶1 比例抄画图 7-26 所示的平面图形,不注尺寸,作图结果以 A52. dwg 保存,相关要求同试题-1。(10 分)

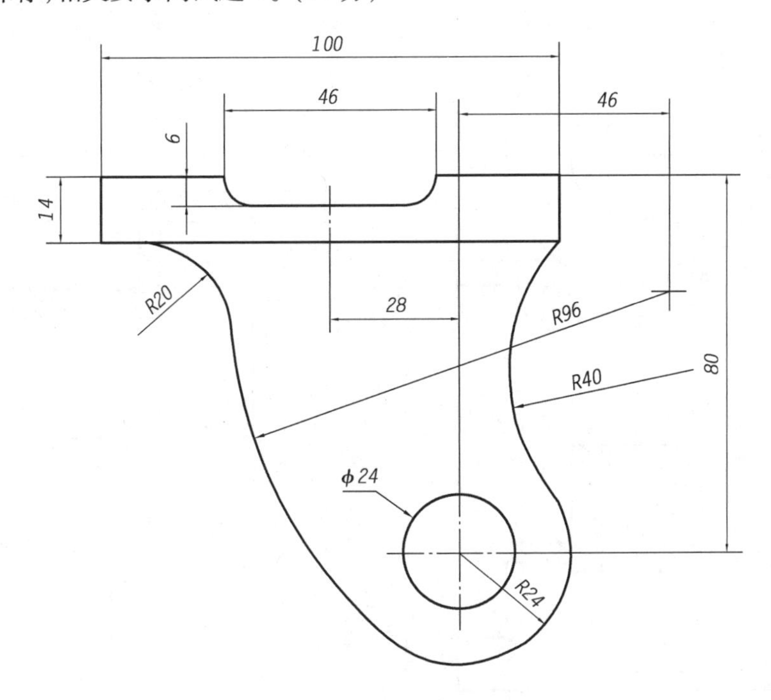

图 7-26　抄画平面图形

(3)在图形文件 A1. dwg 上抄画图 7-27 所示的两个视图并补画第三个视图,作图结果以 A53. dwg 保存,相关要求同试题-1。(10 分)

(4)在 A1. dwg 文件上将图 7-28 所示的主视图改画成全剖视图,左视图改画成半剖视图,尺寸自定,以 A54. dwg 文件名保存,相关要求同试题-1。(10 分)

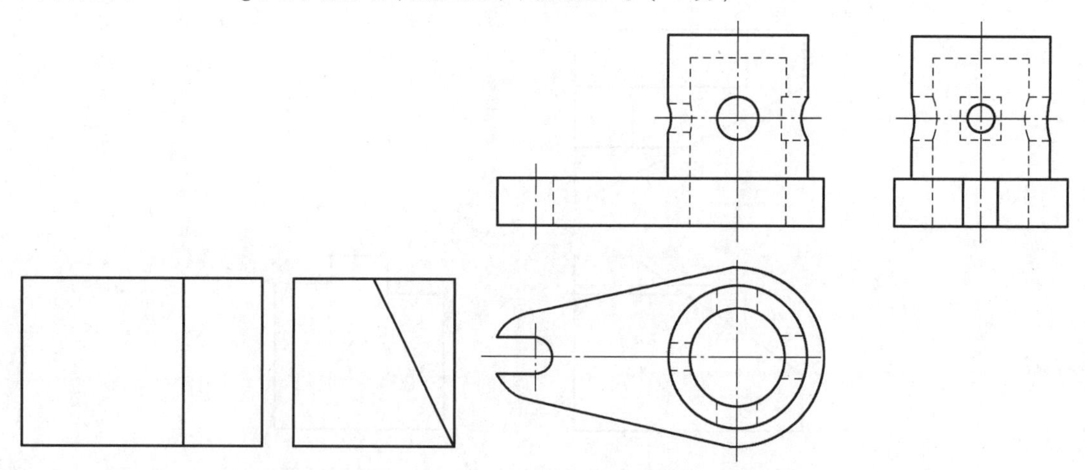

7-27 抄画立体的两个视图并补画第三个视图　　图 7-28 抄画立体的三个视图并作剖视

(5)在图形文件 A1. dwg 上抄画图 7-29 所示的零件图,作图结果以 A55. dwg 保存,相关要求同试题-1。(45 分)

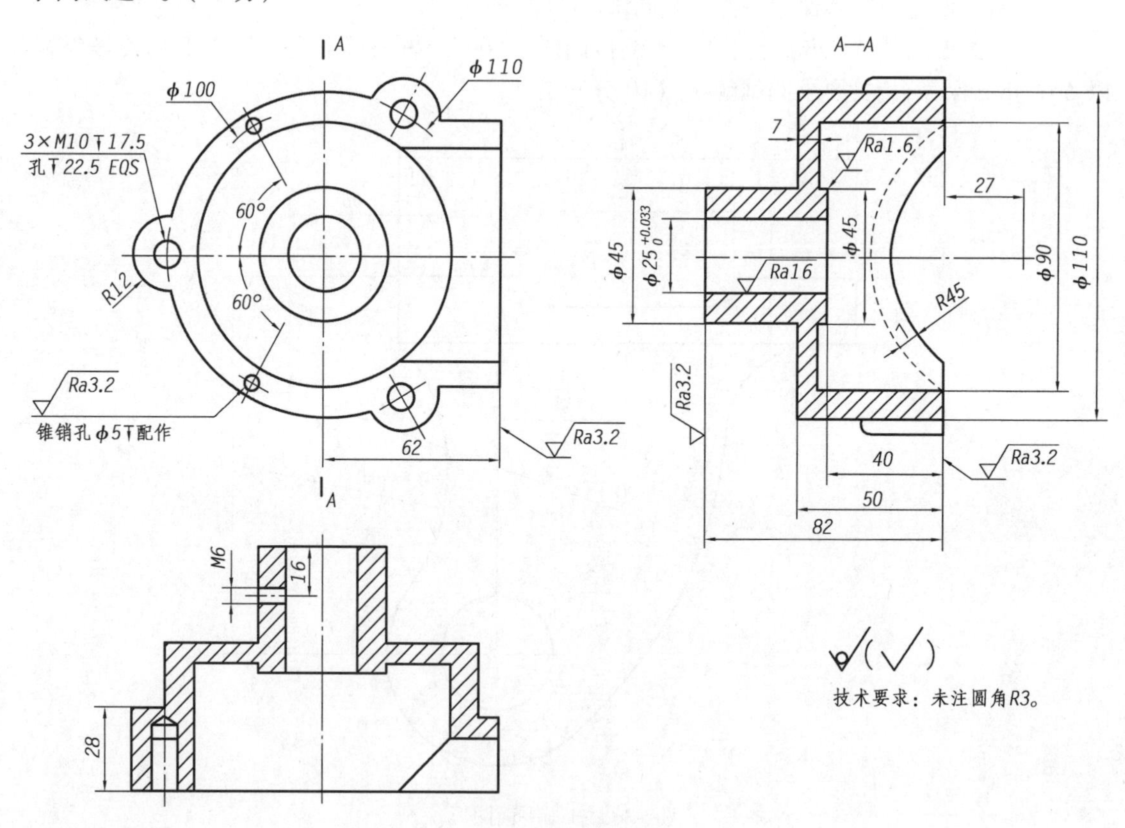

图 7-29　抄画零件图

(6)在 A1. dwg 文件上按图 7-30 所示的滑轮座装配图拆画零件 1(座体)的零件图,以 A56. dwg 文件名保存,相关要求同试题-1。(12 分)

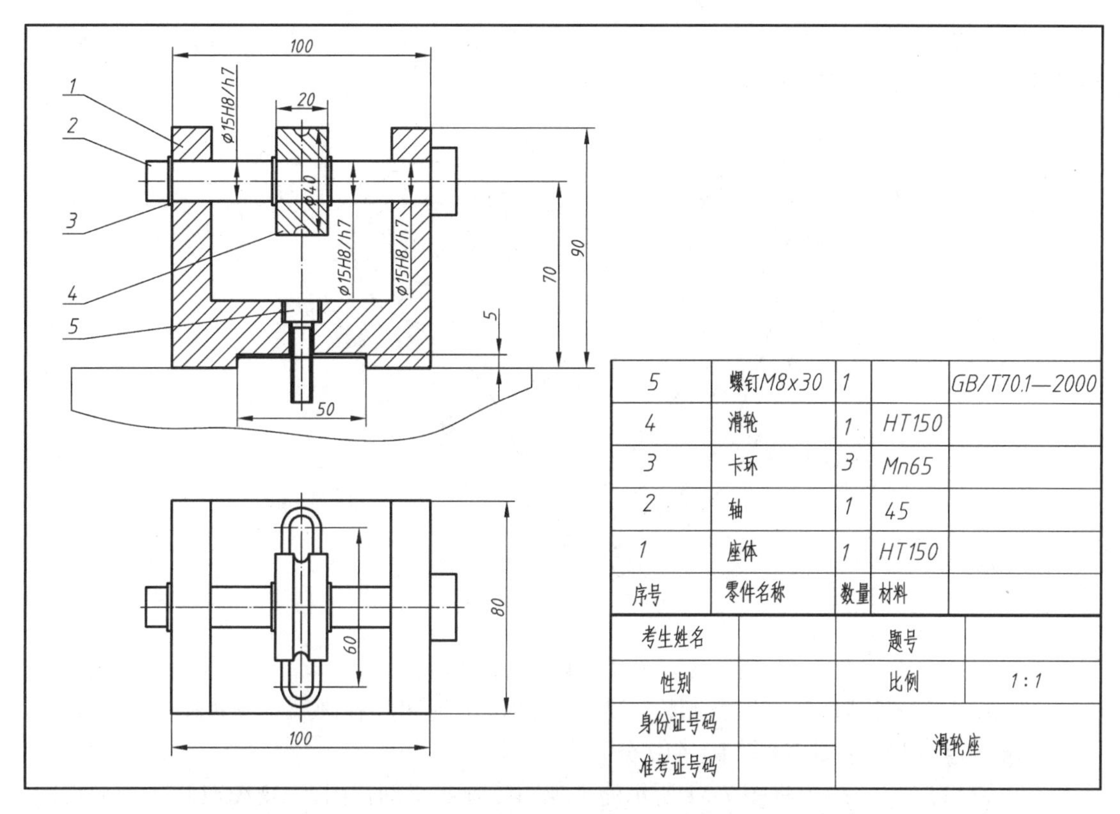

图7-30 根据装配图拆画零件图

(7)将图7-31所示的第三角投影视图改画为第一角投影视图,作图结果以A57.dwg为文件名保存,相关要求同试题-1。(5分)

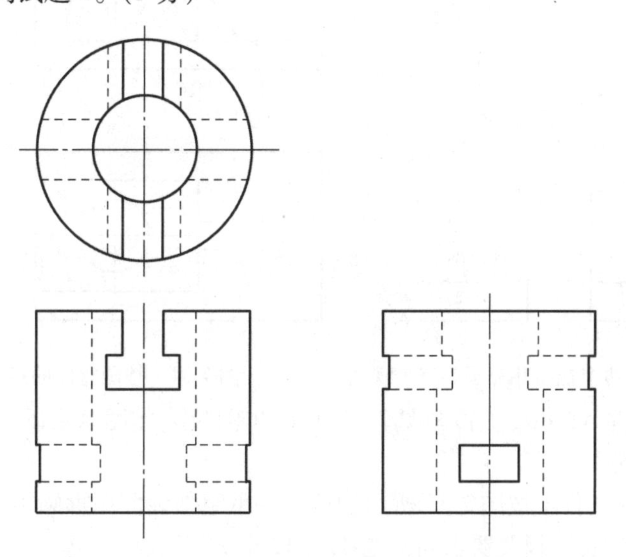

图7-31 将第三角投影视图改画为第一角投影视图

7.1.6 机械类综合自测模拟试题-6

(1)基本设置内容和保存文件方式同试题-1。(8分)

(2)在图形文件 A1. dwg 上用 1∶1比例抄画图 7-32 所示的平面图形,不注尺寸,作图结果以 A62. dwg 保存,相关要求同试题-1。(10 分)

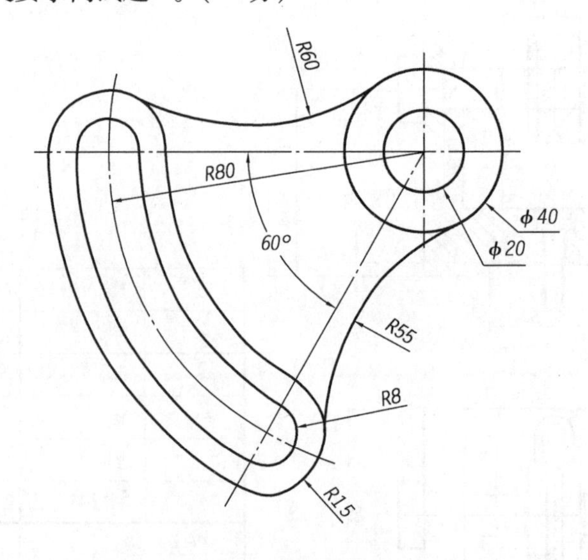

图 7-32　抄画平面图形

(3)在图形文件 A1. dwg 上抄画图 7-33 所示的两个视图并补画第三个视图,作图结果以 A63. dwg 保存,相关要求同试题-1。(10 分)

(4)在 A1. dwg 文件上将图 7-34 所示的主视图改画成半剖视图,左视图改画成全剖视图,尺寸自定,以 A64. dwg 文件名保存,相关要求同试题-1。(10 分)

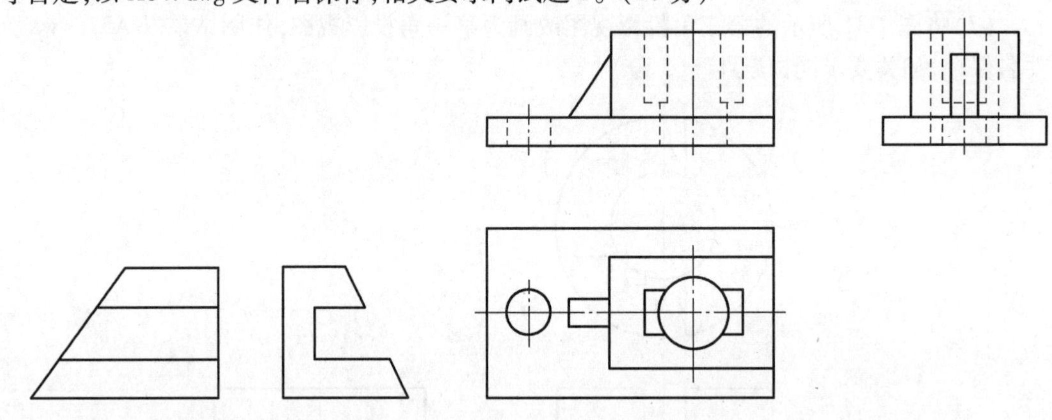

图 7-33　抄画立体的两个视图并补画第三个视图　　　图 7-34　抄画立体的三个视图并作剖视

(5)在图形文件 A1. dwg 上抄画图 7-35 所示的零件图,作图结果以 A65. dwg 保存,相关要求同试题-1。(45 分)

(6)在 A1. dwg 文件上按图 7-36 所示的滚动轴承组件装配图拆画零件 1(端盖)的零件图,以 A66. dwg 文件名保存,相关要求同试题-1。(12 分)

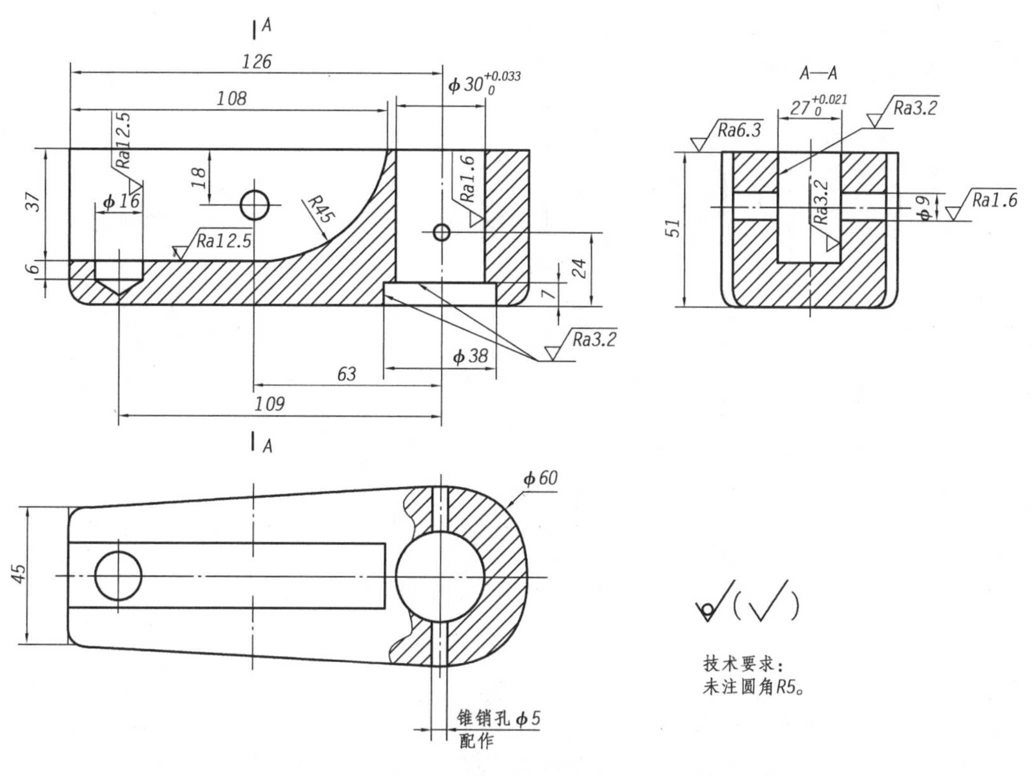

图 7-35　抄画零件图

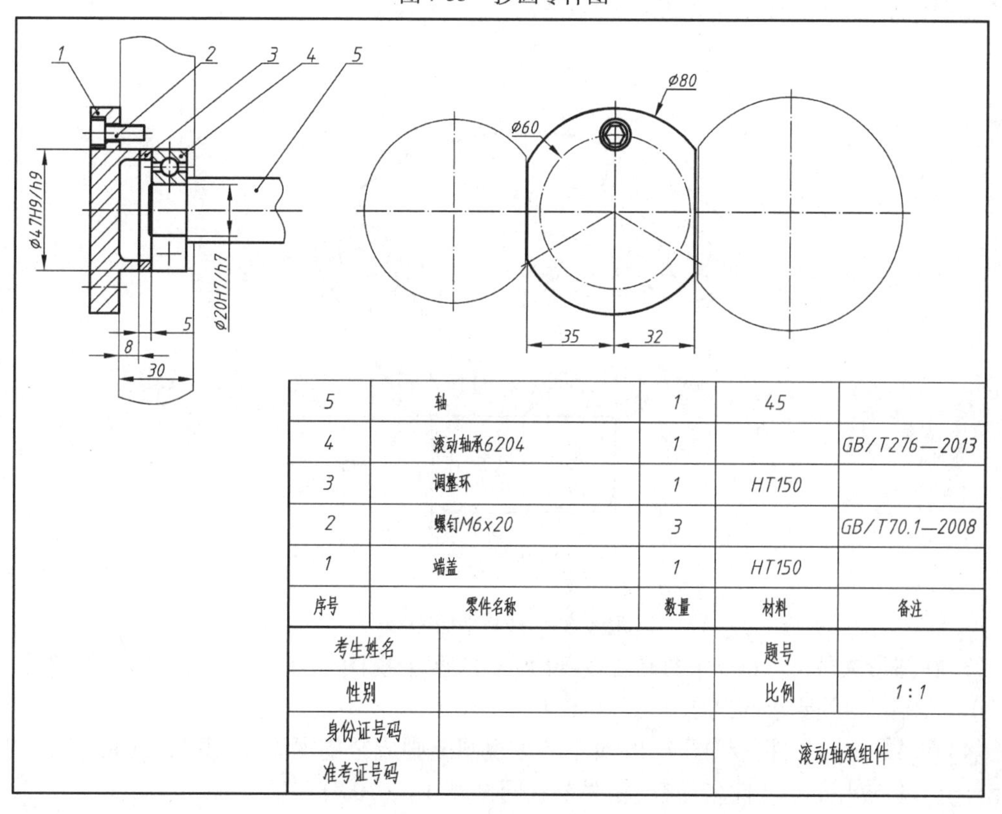

5	轴	1	45	
4	滚动轴承6204	1		GB/T276—2013
3	调整环	1	HT150	
2	螺钉M6x20	3		GB/T70.1—2008
1	端盖	1	HT150	
序号	零件名称	数量	材料	备注

考生姓名		题号	
性别		比例	1:1
身份证号码		滚动轴承组件	
准考证号码			

图 7-36　根据装配图拆画零件图

(7)将图 7-37 所示的第三角投影视图改画为第一角投影视图,作图结果以 A67. dwg 为文件名保存,相关要求同试题-1。(5 分)

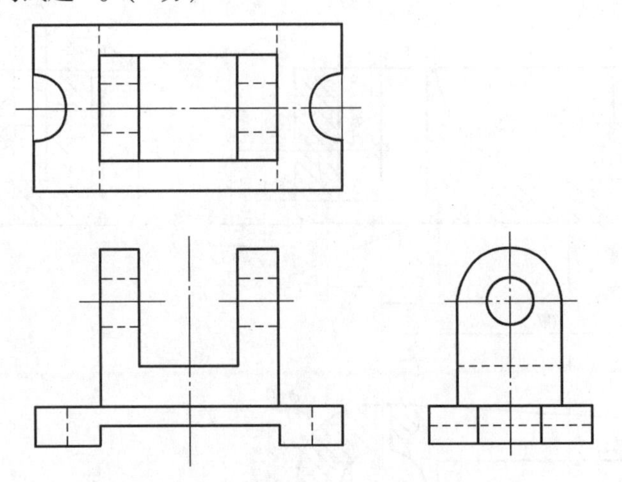

图 7-37　将第三角投影视图改画为第一角投影视图

7.1.7　机械类综合自测模拟试题-7

(1)基本设置内容和保存文件方式同试题-1。(8 分)

(2)在图形文件 A1. dwg 上用 1∶1比例抄画图 7-38 所示的平面图形,不注尺寸,作图结果以 A72. dwg 保存,相关要求同试题-1。(10 分)

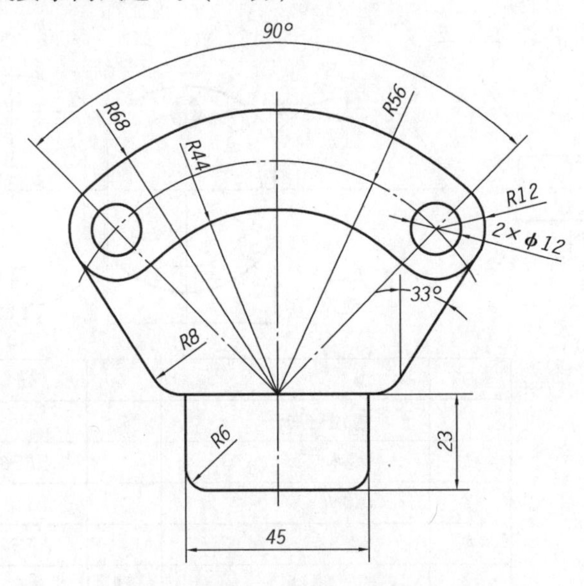

图 7-38　抄画平面图形

(3)在图形文件 A1. dwg 上抄画图 7-39 所示的两个视图并补画第三个视图,作图结果以 A73. dwg 保存,相关要求同试题-1。(10 分)

(4)在 A1. dwg 文件上将图 7-40 所示的主视图改画成全剖视图,左视图改画成半剖视图,尺寸自定,以 A74. dwg 文件名保存,相关要求同试题-1。(10 分)

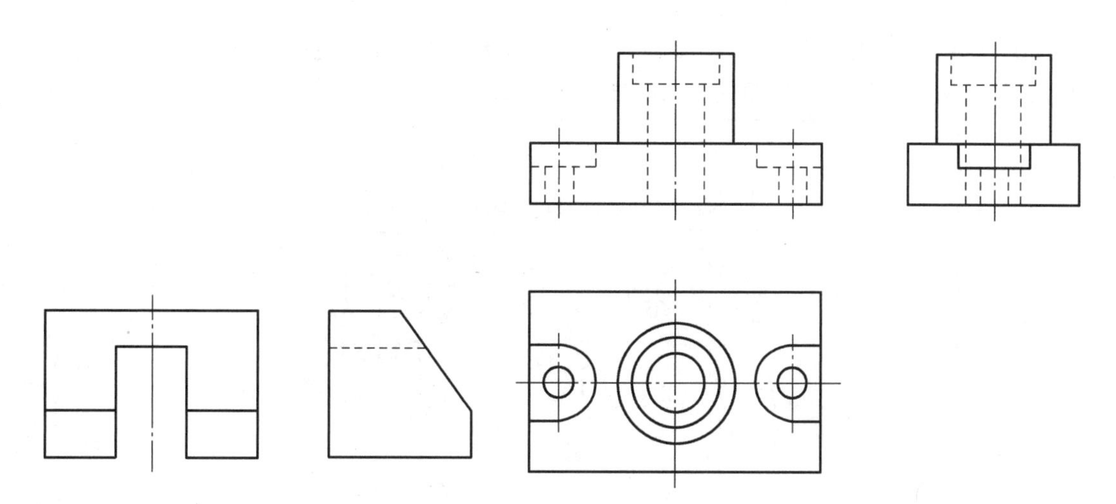

图 7-39 抄画立体的两个视图并补画第三个视图　　图 7-40 抄画立体的三个视图并作剖视

(5)在图形文件 A1. dwg 上抄画图 7-41 所示的零件图,作图结果以 A75. dwg 保存,相关要求同试题-1。(45 分)

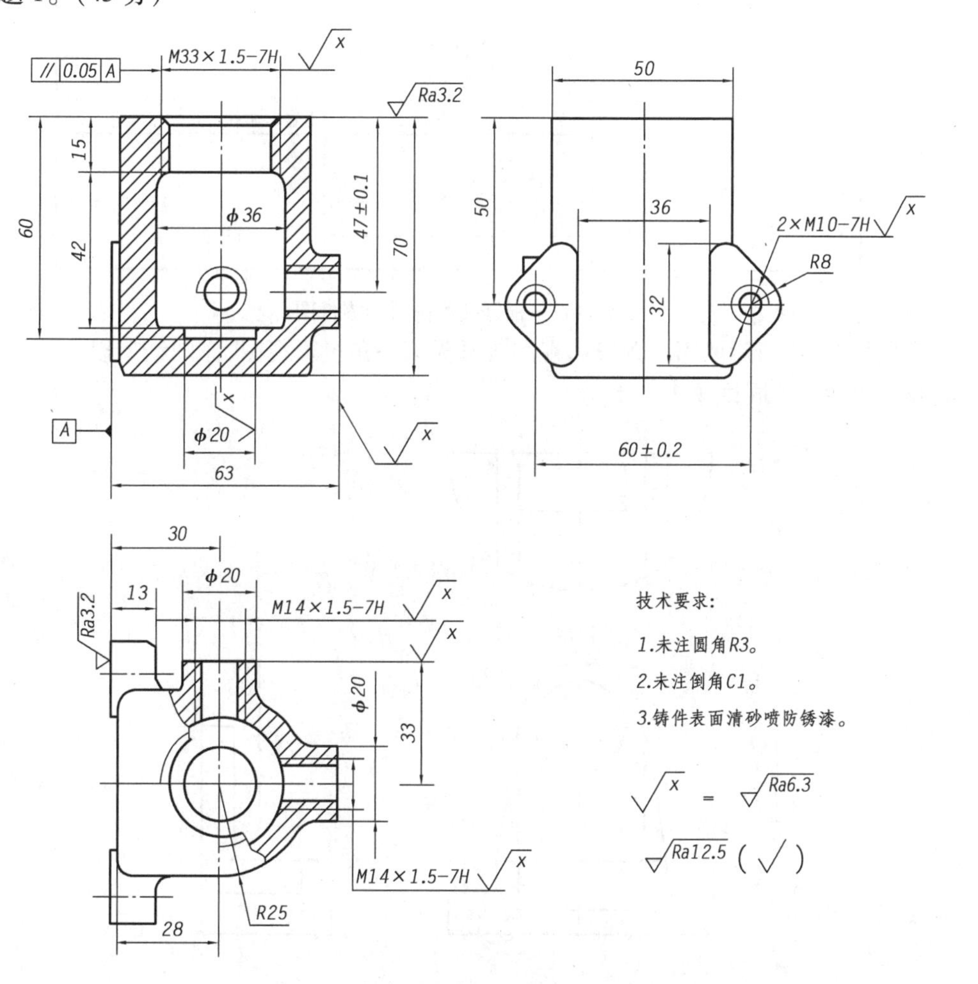

图 7-41 抄画零件图

(6)在 A1. dwg 文件上按图 7-42 所示的齿轮传动组件装配图拆画零件 1(心轴)的零件图,以 A76. dwg 文件名保存,相关要求同试题-1。(12 分)

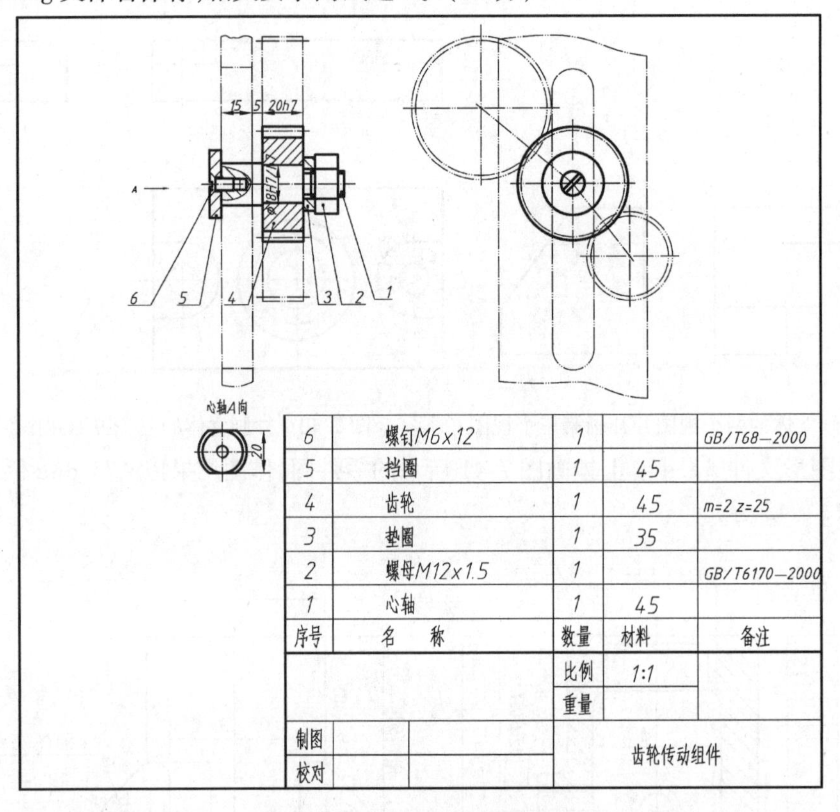

6	螺钉M6x12	1		GB/T68—2000
5	挡圈	1	45	
4	齿轮	1	45	m=2 z=25
3	垫圈	1	35	
2	螺母M12x1.5	1		GB/T6170—2000
1	心轴	1	45	
序号	名　称	数量	材料	备注

	比例	1:1
	重量	
制图		齿轮传动组件
校对		

图 7-42　根据装配图拆画零件图

(7)将图 7-43 所示的第三角投影视图改画为第一角投影视图,作图结果以 A77. dwg 为文件名保存,相关要求同试题-1。(5 分)

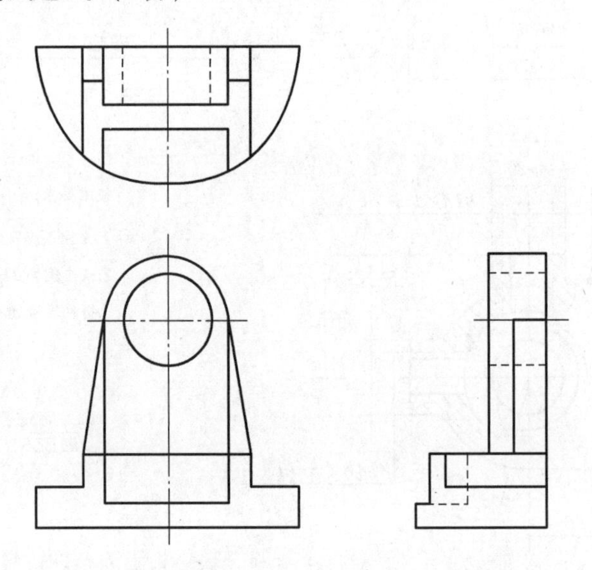

图 7-43　将第三角投影视图改画为第一角投影视图

7.1.8　机械类综合自测模拟试题-8

(1)基本设置内容和保存文件方式同试题-1。(8 分)

(2)在图形文件 A1.dwg 上用 1∶1 比例抄画图 7-44 所示的平面图形,不注尺寸,作图结果以 A82.dwg 保存,相关要求同试题-1。(10 分)

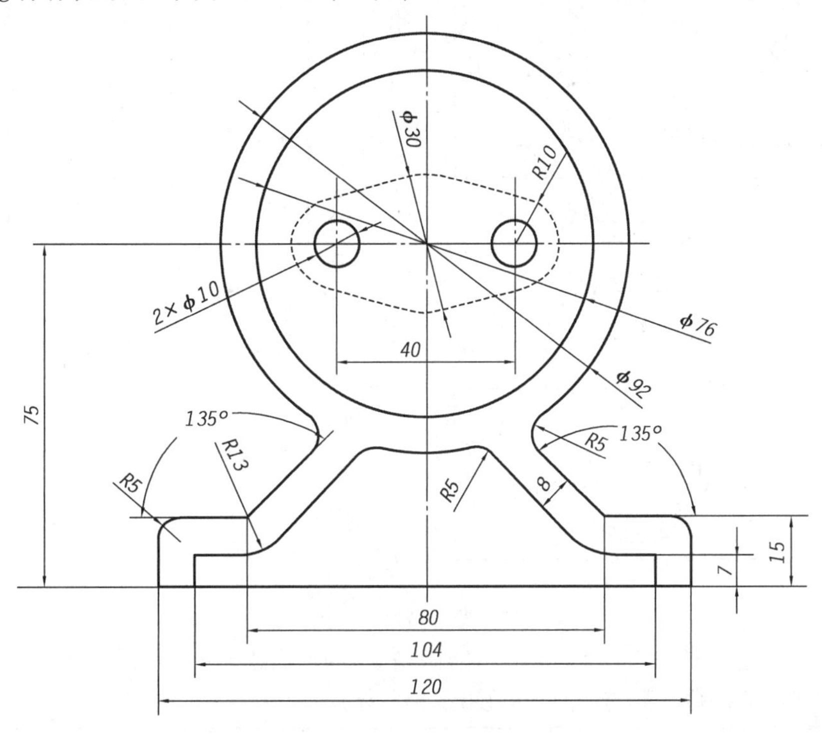

图 7-44　抄画平面图形

(3)在图形文件 A1.dwg 上抄画图 7-45 所示的两个视图并补画第三个视图,作图结果以 A83.dwg 保存,相关要求同试题-1。(10 分)

(4)在 A1.dwg 文件上将图 7-46 所示的主视图改画成全剖视图,左视图改画成半剖视图,尺寸自定,以 A84.dwg 文件名保存,相关要求同试题-1。(10 分)

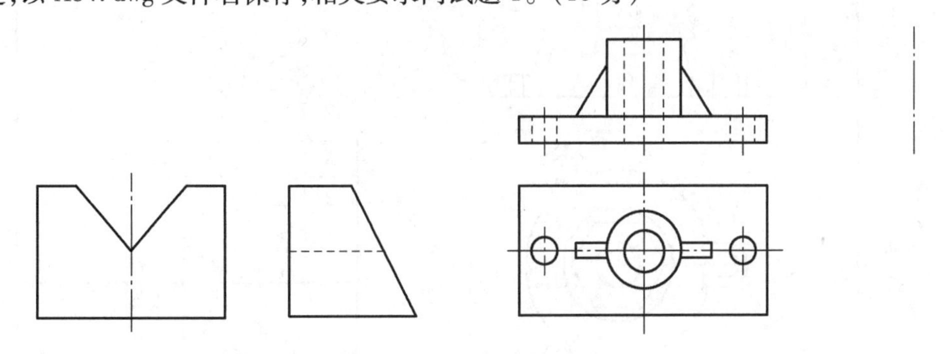

图 7-45　抄画立体的两个视图并补画第三个视图　　图 7-46　抄画立体的两个视图并作剖视

(5)在图形文件 A1.dwg 上抄画图 7-47 所示的零件图,作图结果以 A85.dwg 保存,相关要求同试题-1。(45 分)

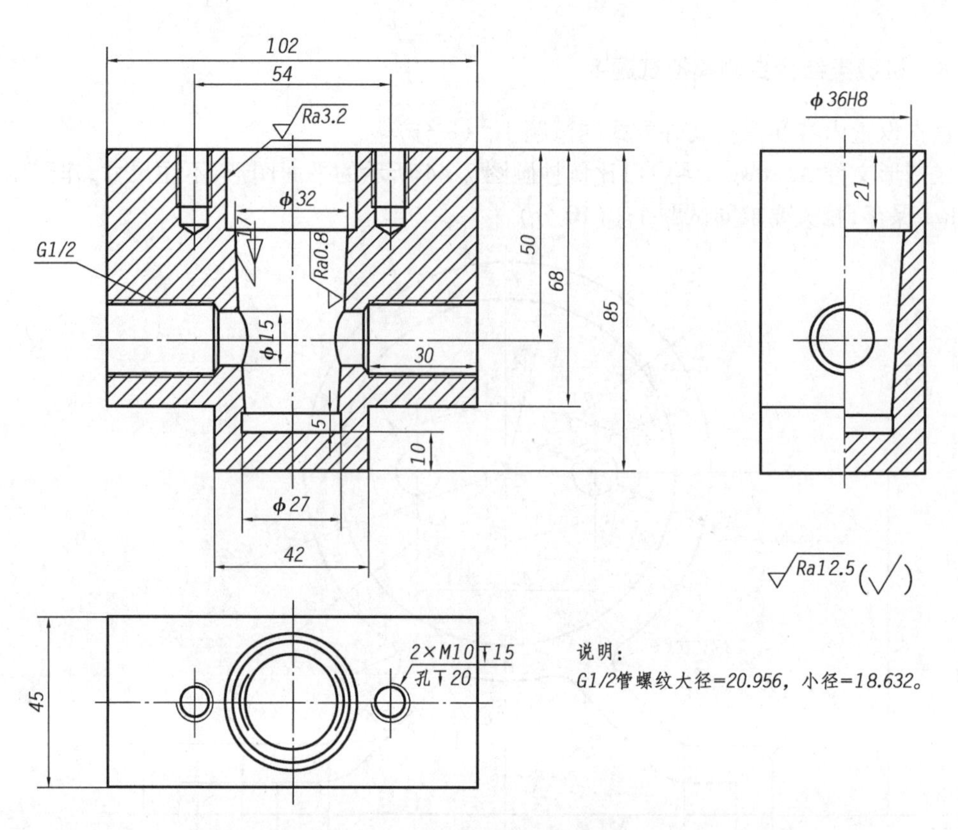

图 7-47 抄画零件图

(6)在 A1. dwg 文件上按图 7-48 所示的微型千斤顶装配图拆画零件 3(座体)的零件图，以 A86. dwg 文件名保存，相关要求同试题-1。(12 分)

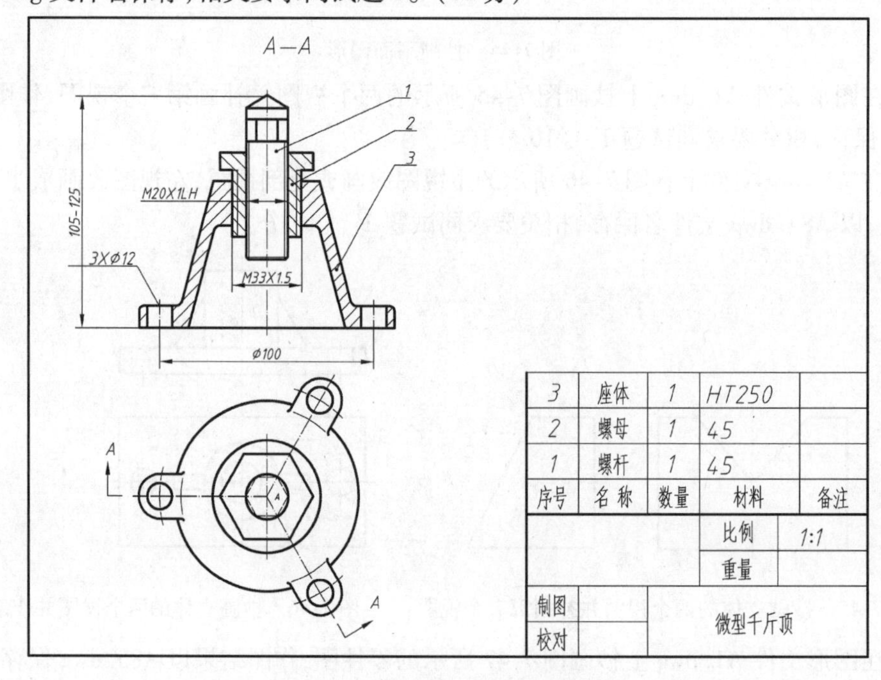

3	座体	1	HT250	
2	螺母	1	45	
1	螺杆	1	45	
序号	名 称	数量	材料	备注
			比例	1:1
			重量	
制图		微型千斤顶		
校对				

图 7-48 根据装配图拆画零件图

(7)将图 7-49 所示的第三角投影视图改画为第一角投影视图,作图结果以 A87. dwg 为文件名保存,相关要求同试题-1。(5 分)

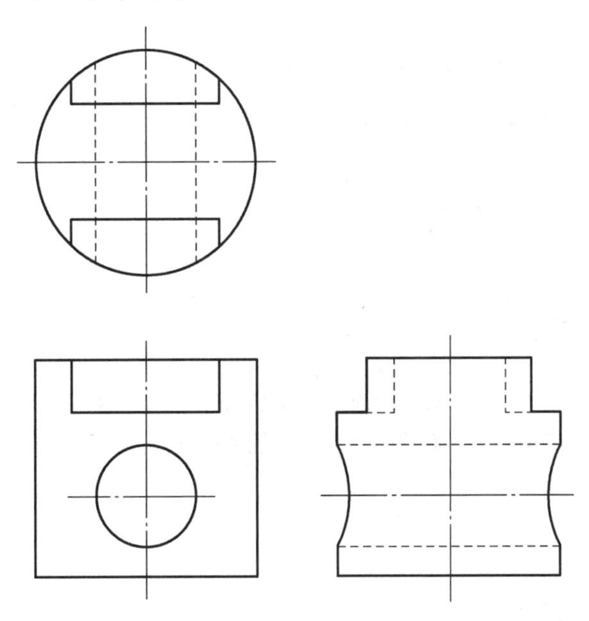

图 7-49　将第三角投影视图改画为第一角投影视图

7.1.9　机械类综合自测模拟试题-9

(1)基本设置内容和保存文件方式同试题-1。(8 分)

(2)在图形文件 A1. dwg 上用 1∶1比例抄画图 7-50 所示的平面图形,不注尺寸,作图结果以 A92. dwg 保存,相关要求同试题-1。(10 分)

(3)在图形文件 A1. dwg 上抄画图 7-51 所示的两个视图并补画第三个视图,作图结果以 A93. dwg 保存,相关要求同试题-1。(10 分)

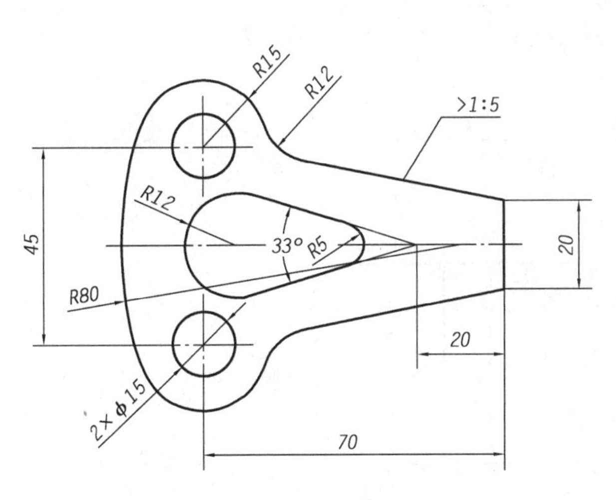

图 7-50　抄画平面图形

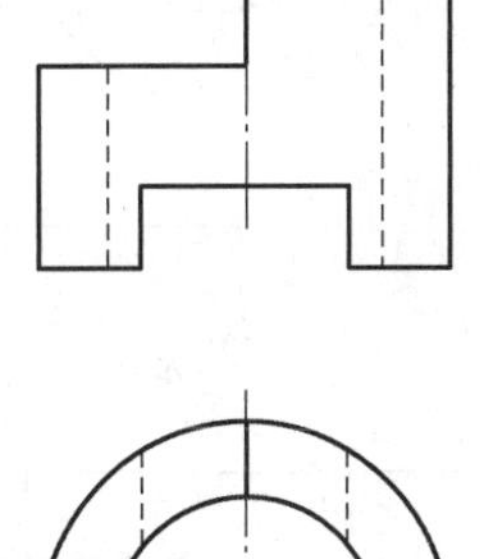

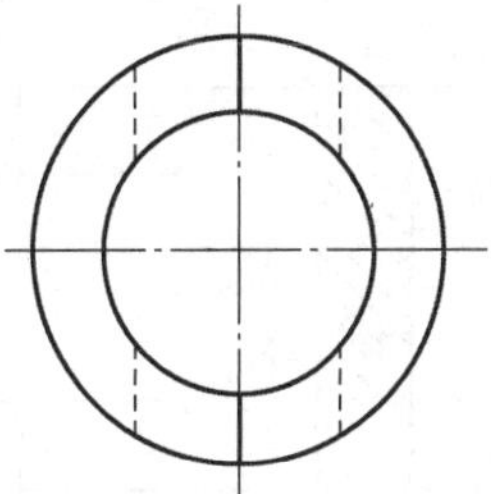

图 7-51　抄画立体的两个视图并补画第三个视图

(4)在 A1. dwg 文件上抄画图 7-52 所示的两个视图并将主视图作 *A—A* 剖视,尺寸自定,以 A94. dwg 文件名保存,相关要求同试题-1。(10 分)

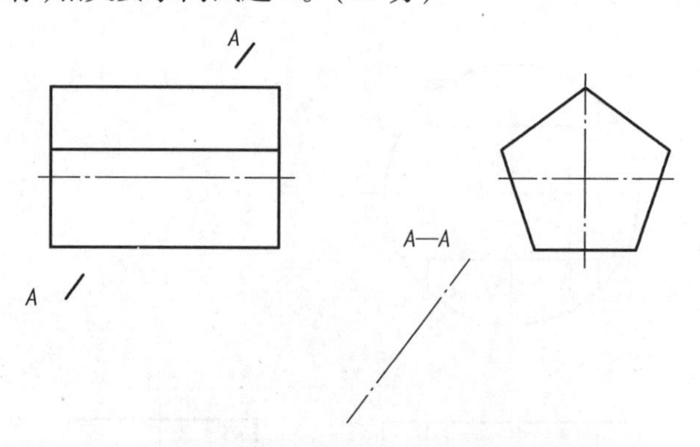

图 7-52 抄画立体的两个视图并作剖视

(5)在图形文件 A1. dwg 上抄画图 7-53 所示的零件图,作图结果以 A95. dwg 保存,相关要求同试题-1。(45 分)

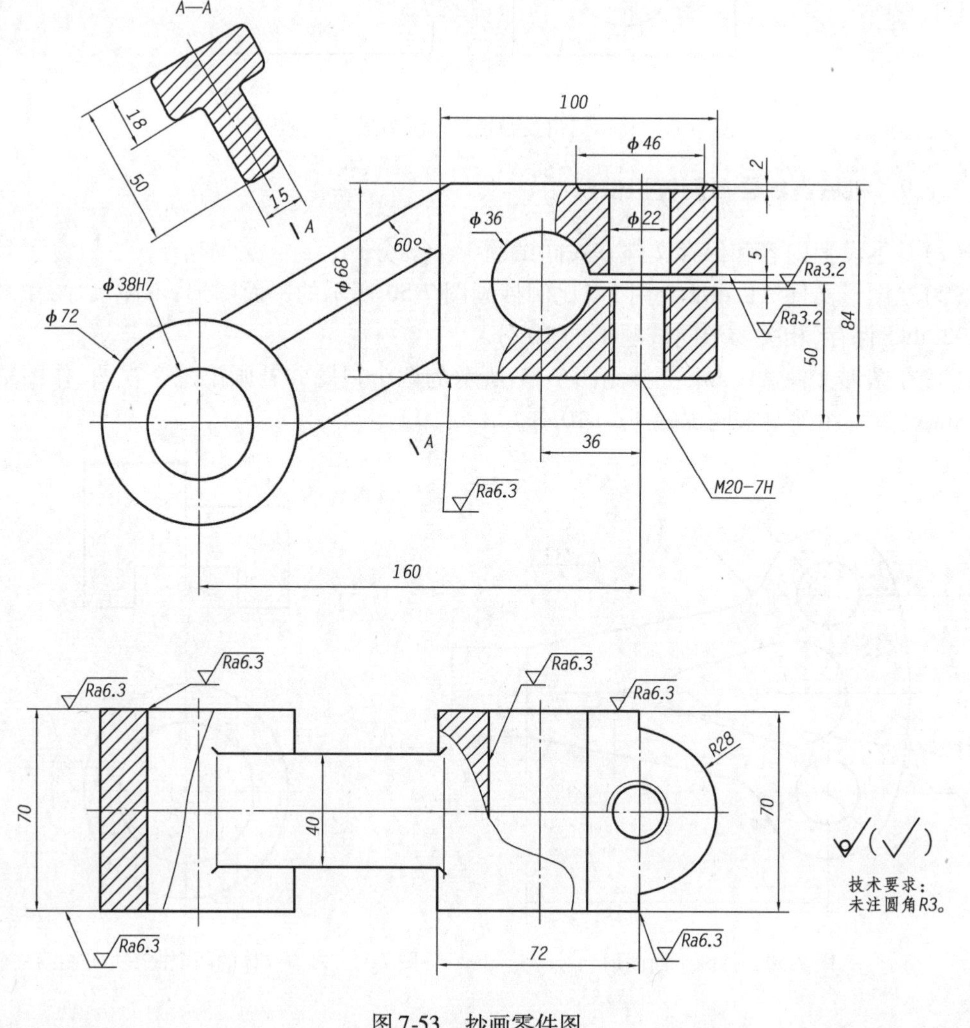

图 7-53 抄画零件图

(6)在 A1. dwg 文件上按图 7-54 所示的轴承座装配图拆画零件 1(轴承座)的零件图,以 A96. dwg 文件名保存,相关要求同试题-1。(12 分)

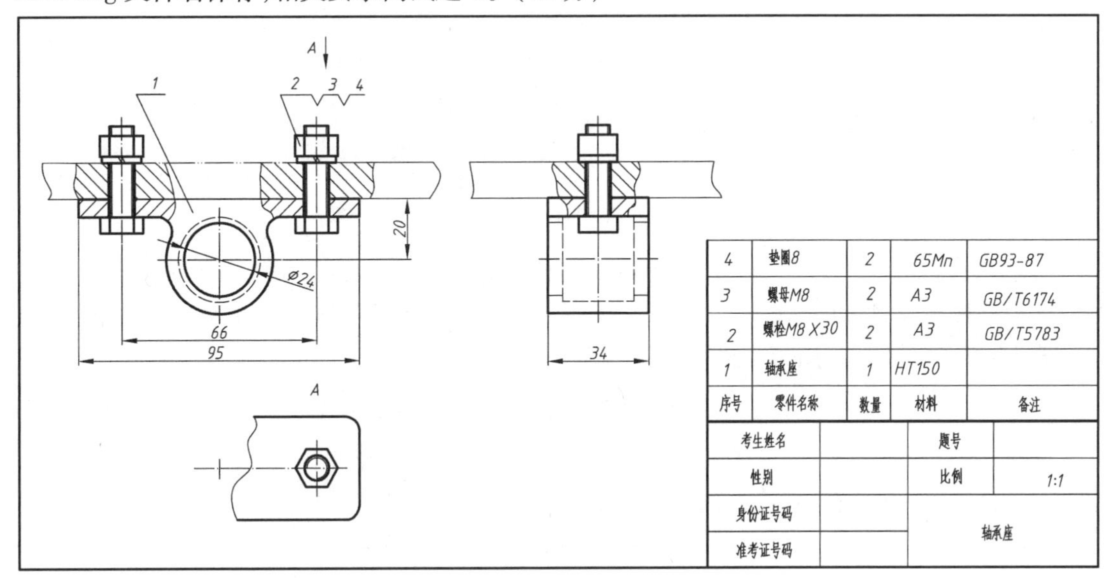

图 7-54　根据装配图拆画零件图

(7)将图 7-55 所示的第三角投影视图改画为第一角投影视图,作图结果以 A97. dwg 为文件名保存,相关要求同试题-1。(5 分)

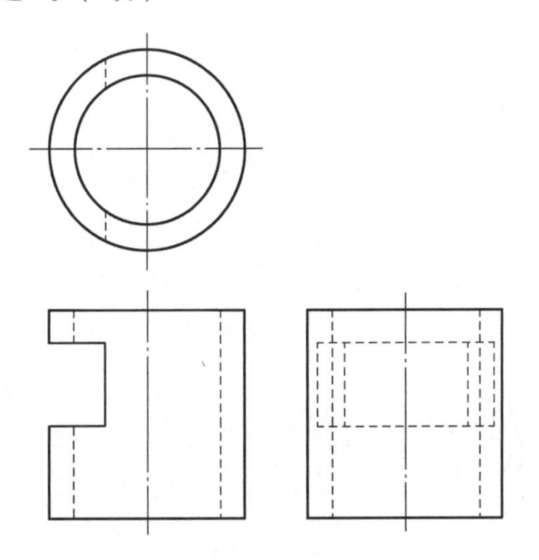

图 7-55　将第三角投影视图改画为第一角投影视图

7.1.10　机械类综合自测模拟试题-10

(1)基本设置内容和保存文件方式同试题-1。(8 分)

(2)在图形文件 A1. dwg 上用 1∶1 比例抄画图 7-56 所示的平面图形,不注尺寸,作图结果以 A102. dwg 保存,相关要求同试题-1。(10 分)

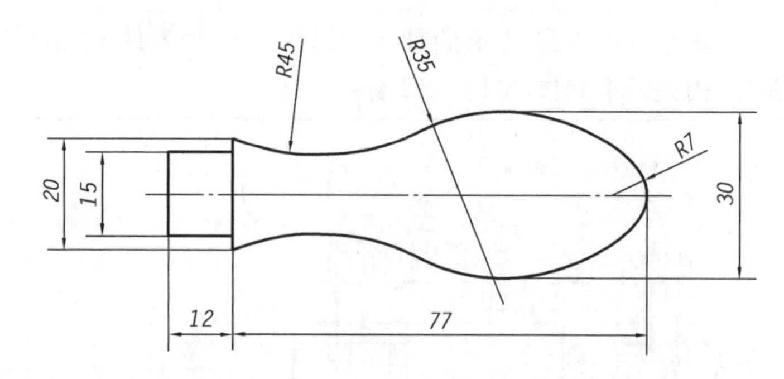

图 7-56　抄画平面图形

(3)在图形文件 A1. dwg 上抄画图 7-57 所示的两个视图并补画第三个视图,作图结果以 A103. dwg 保存,相关要求同试题-1。(10 分)

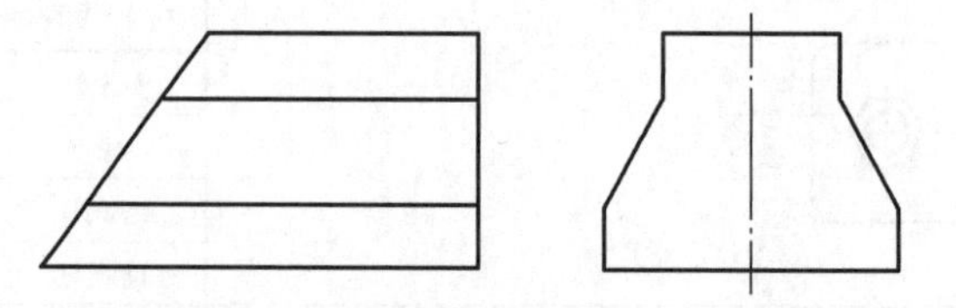

图 7-57　抄画立体的两个视图并补画第三个视图

(4)在 A1. dwg 文件上抄画图 7-58 所示的图形,并把主视图改画成全剖视图,左视图改画成半剖视图,尺寸自定,以 A104. dwg 文件名保存,相关要求同试题-1。(10 分)

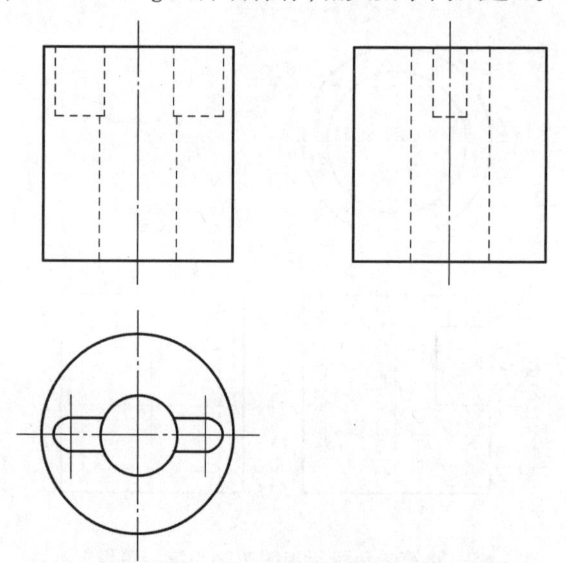

图 7-58　抄画立体的三个视图并作剖视

(5)在图形文件 A1. dwg 上抄画图 7-59 所示的零件图,作图结果以 A105. dwg 保存,相关要求同试题-1。(45 分)

(6)在 A1. dwg 文件上按图 7-60 所示的支座装配图拆画零件 1(架体)的零件图,以 A106. dwg 文件名保存,相关要求同试题-1。(12 分)

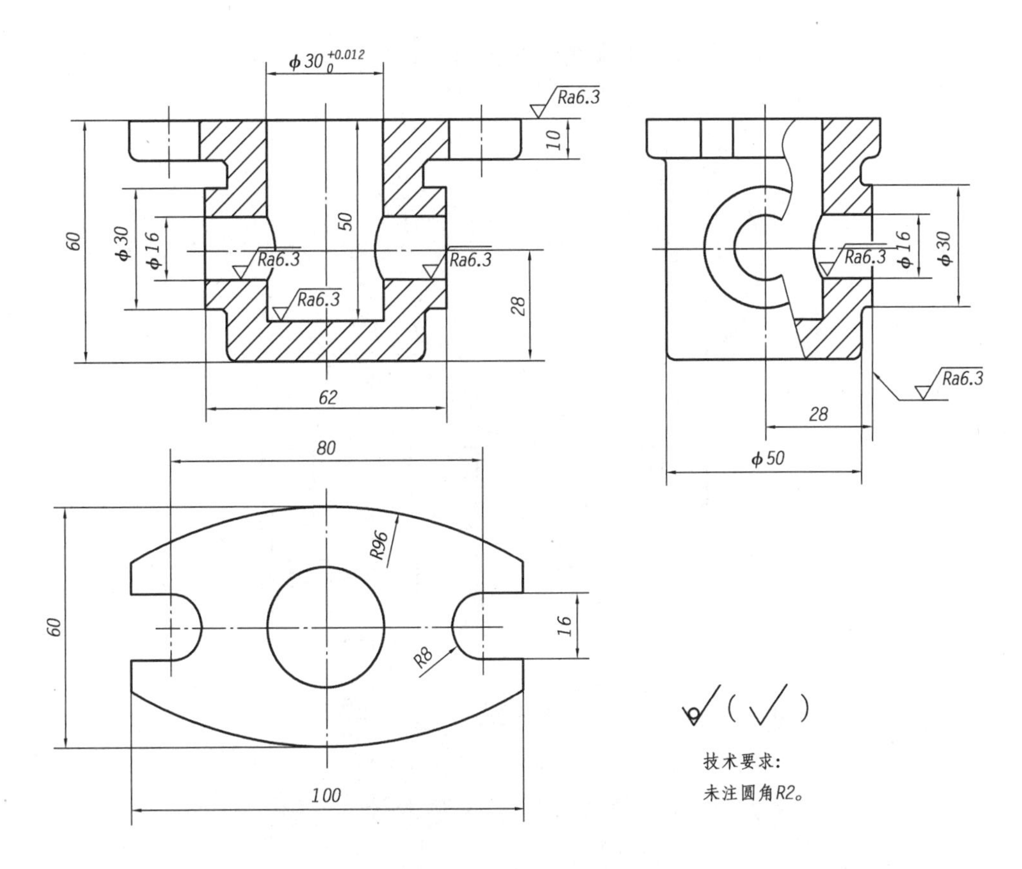

图 7-59　抄画零件图

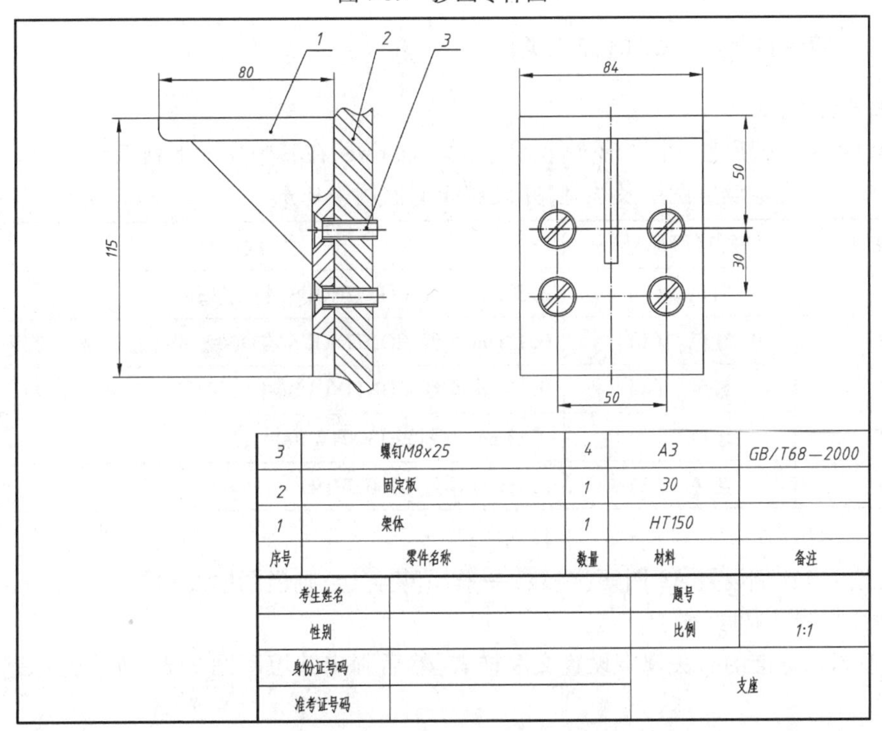

图 7-60　根据装配图拆画零件图

(7)将图 7-61 所示的第三角投影视图改画为第一角投影视图,作图结果以 A107. dwg 为文件名保存,相关要求同试题-1。(5 分)

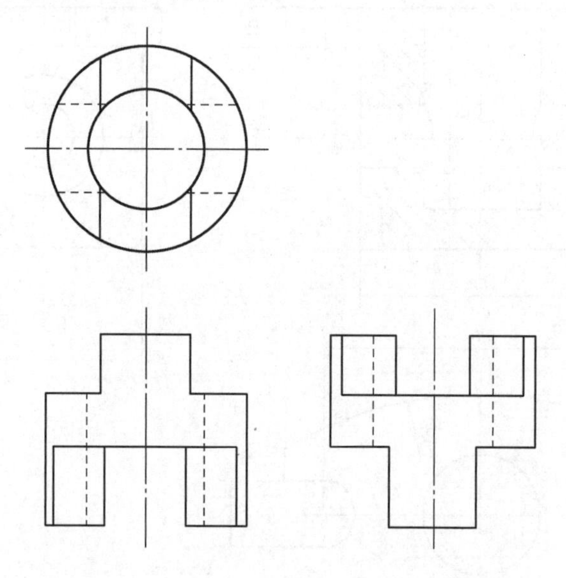

图 7-61 将第三角投影视图改画为第一角投影视图

7.2 建筑类综合自测模拟试题

7.2.1 综合自测模拟试题(建筑类)-1

1)基本设置(20 分)

在 AutoCAD 中新建一个图形文件,命名为 A1j. dwg,在其中完成下列工作:

(1)按以下规定设置图层及线型,并设定线型比例为 0.4。

图层名称	颜色(颜色号)	线 型
01	白色 (7)	0. 50mm 实线 CONTINOUS(粗实线用)
02	红色 (1)	0. 13mm 实线 CONTINOUS(细实线、尺寸标注及文字用)
03	青色 (4)	0. 25mm 实线 CONTINOUS(中实线用)
04	绿色 (3)	0. 13mm 点划线 ISO04W100
05	黄色 (2)	0. 13mm 虚线 ISO02W100

(2) 按 1∶1比例设置 A3 图幅(横装)一张,留装订边,画出图框线和图纸边界线,其中图纸边界线画细实线,图框线画粗实线。

(3)按国家标准的有关规定设置文字样式,然后画出并填写图 7-62 所示的标题栏(不标注尺寸)。

考生姓名		题号	A1
性别		比例	1:1
身份证号码			
准考证号码			

30　55　25　30　4×8=32

图 7-62　标题栏

(4)完成以上各项后,仍然以 A1j. dwg 为文件名保存作图结果。

2)抄画房屋建筑图(60 分)

题目要求如下:

(1)打开“A1j. dwg”图形文件,将 A3 图幅放大 100 倍。

(2)按图示的比例放大 100 倍后,在放大后的图框内抄画图 7-63 所示的建筑施工图。

(3)建筑平面图中的门线要求使用中实线绘制,且与水平线成 45°。

(4)定位轴线端部的圆直径为 800 mm。

(5)填充图例在细实线层上绘制。

(6)完成以上工作后,以文件名“A112. dwg”存盘。

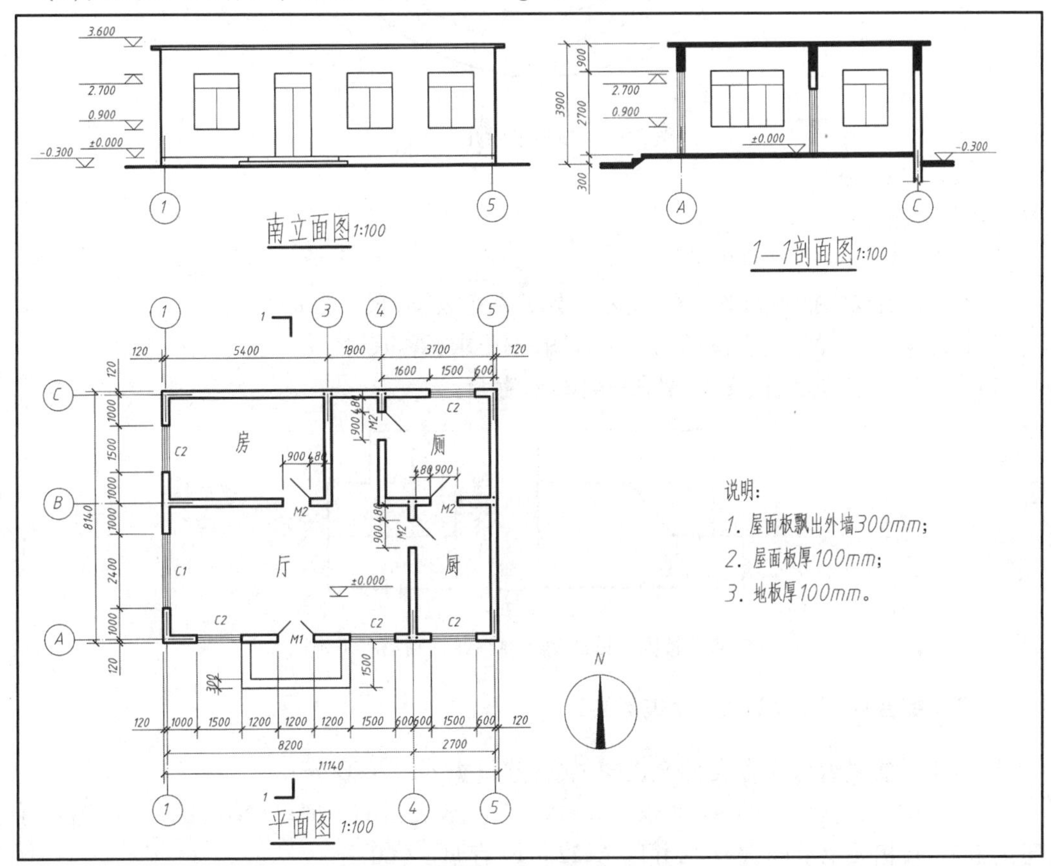

图 7-63　抄画建筑施工图

3)几何作图(10 分)

题目要求如下:

(1)打开“A1j. dwg”图形文件。

(2)绘制如图 7-64 所示的平面几何图形。

(3)平面几何图形必须绘制在 A3 图框内的适当位置,不要求标注尺寸。

(4)完成以上工作后,以文件名“A113. dwg”存盘。

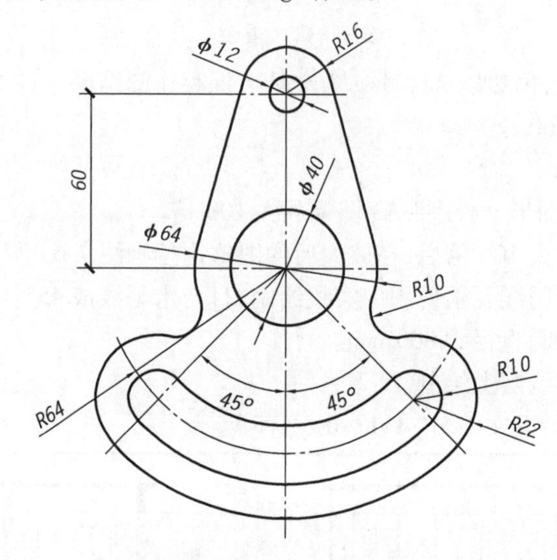

图 7-64　抄画平面几何图形

4)投影图(10 分)

题目要求如下:

(1)打开“A1j. dwg”图形文件。

(2)在 A3 图框内抄画如图 7-65 所示立体的两个视图,尺寸自定。

(3)在适当的位置画出立体的第三个视图,不要求标注尺寸。

(4)完成以上工作后,以文件名“A114. dwg”存盘。

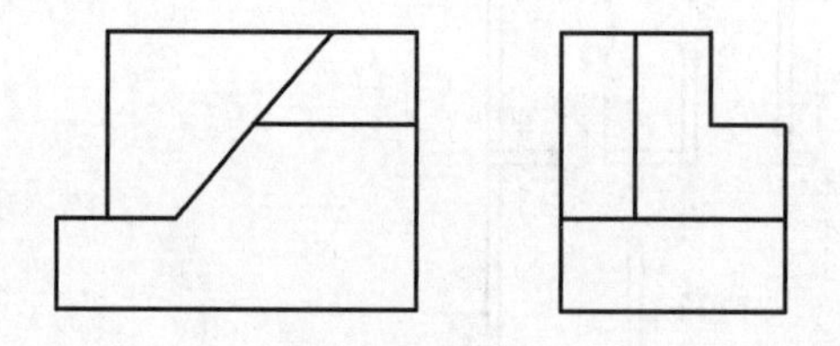

图 7-65　抄画立体的两个视图并补画第三个视图

7.2.2　综合自测模拟试题(建筑类)-2

(1)基本设置内容和保存文件方式同试题(建筑类)-1。(20 分)

(2)将 A1j. dwg 文件中的 A3 图幅放大 100 倍,在放大后的图框里抄画如图 7-66 所示的房屋建筑施工图,相关要求同试题-1,并以 A122. dwg 存盘。(60 分)

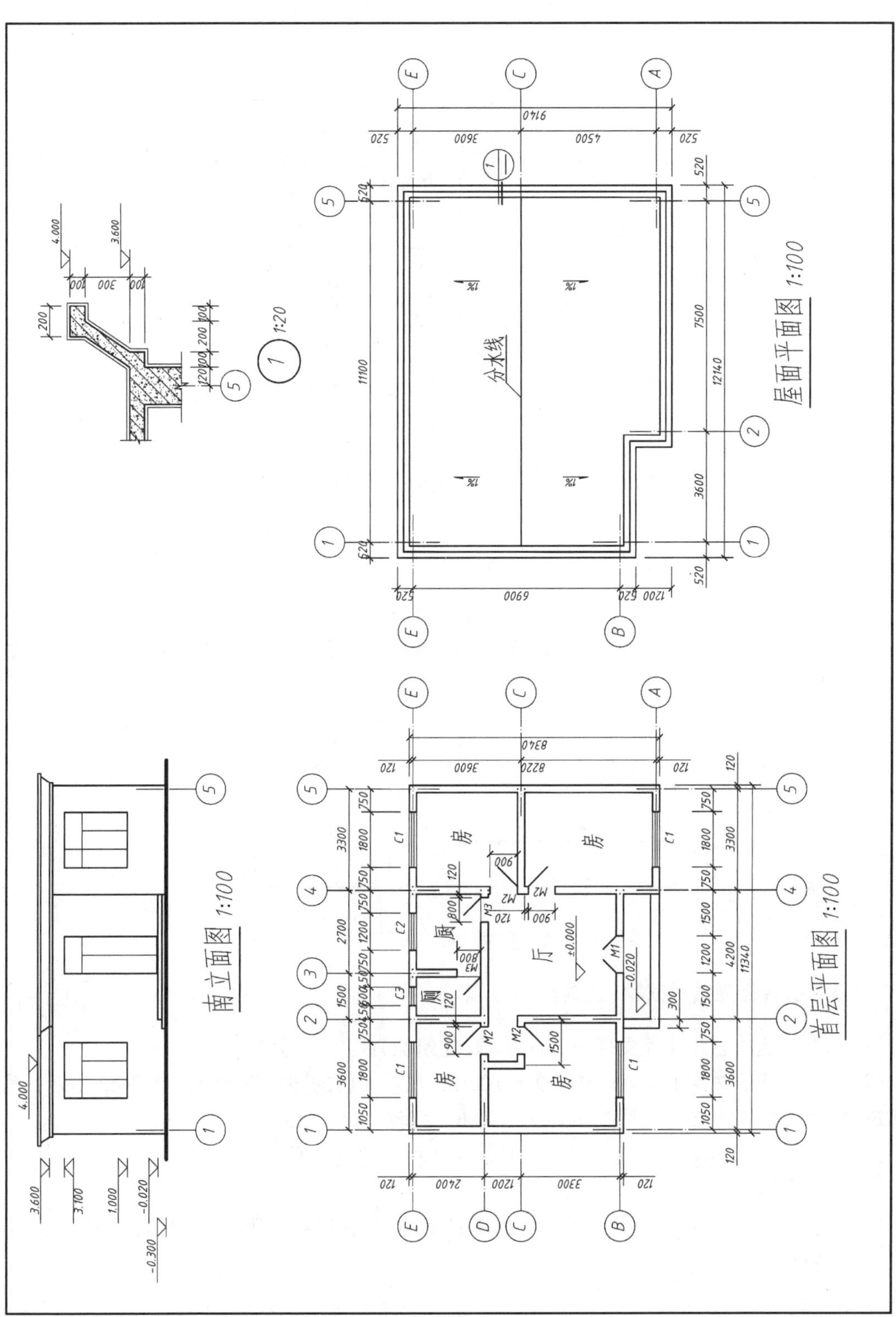

图7-66 抄画建筑施工图

(3)在文件 A1j. dwg 的图框内抄画如图 7-67 所示图形，不注尺寸，以 A123. dwg 存盘。(10 分)

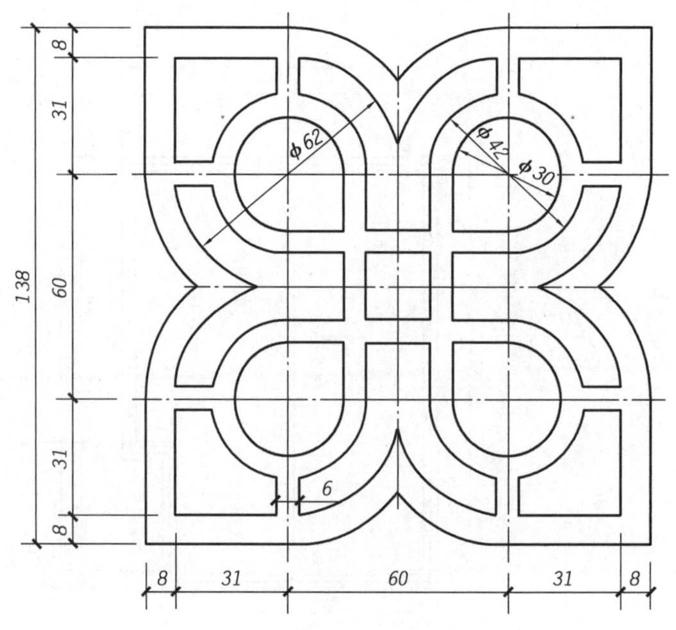

图 7-67　抄画平面几何图形

(4)在文件 A1j. dwg 的图框内抄画如图 7-68 所示图形并补画第三个视图，尺寸自定，以 A124. dwg 存盘。(10 分)

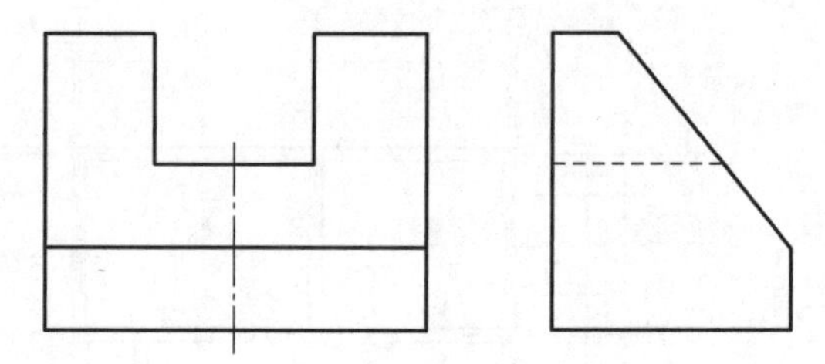

图 7-68　抄画立体的两个视图并补画第三个视图

7.2.3　综合自测模拟试题(建筑类)-3

(1)基本设置内容和保存文件方式同试题(建筑类)-1。(20 分)

(2)将 A1j. dwg 文件中的 A3 图幅放大 100 倍，在放大后的图框里抄画如图 7-69 所示的房屋建筑施工图，相关要求同试题-1，并以 A132. dwg 存盘。(60 分)

(3)在文件 A1j. dwg 的图框内抄画如图 7-70 所示图形，不注尺寸，以 A133. dwg 存盘。(10 分)

(4)在文件 A1j. dwg 的图框内抄画如图 7-71 所示图形并补画第三个视图，尺寸自定，以 A134. dwg 存盘。(10 分)

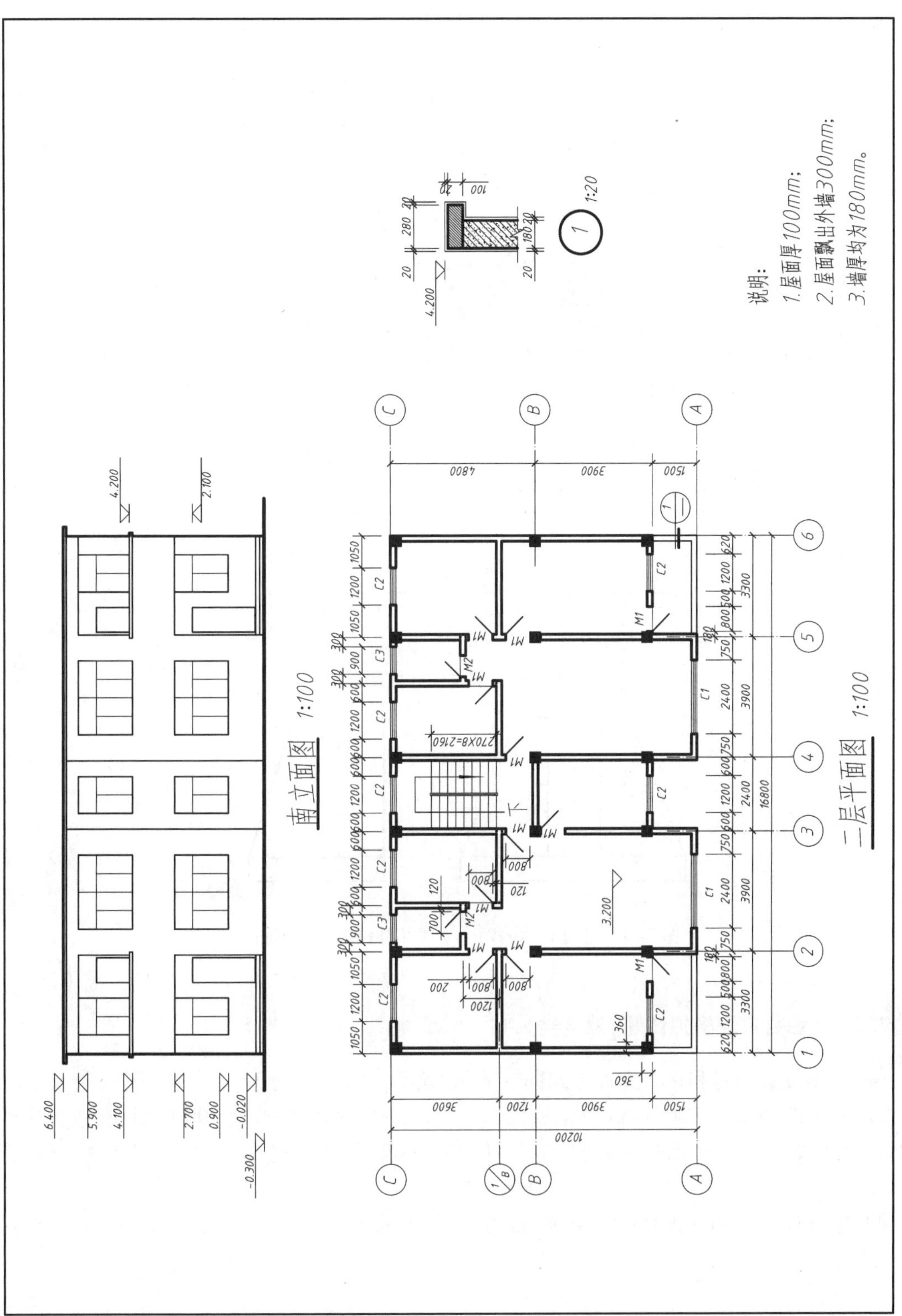

图7-69　抄画建筑施工图

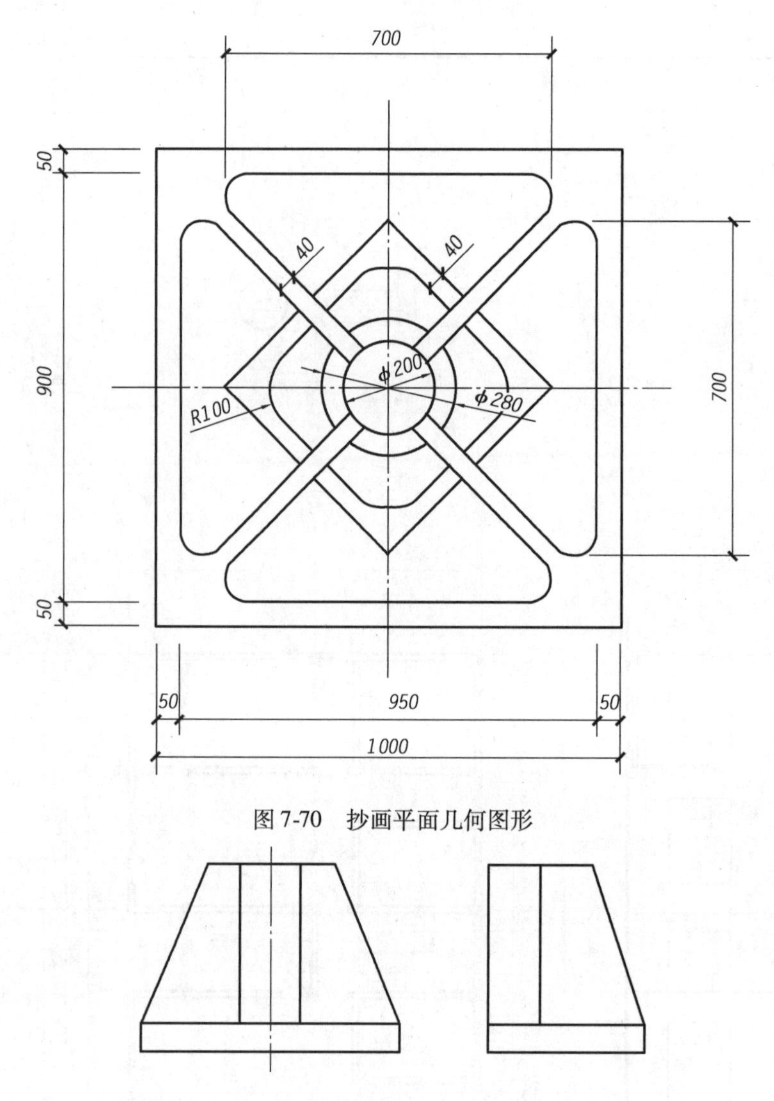

图 7-70　抄画平面几何图形

图 7-71　抄画立体的两个视图并补画第三个视图

7.2.4　综合自测模拟试题(建筑类)-4

(1)基本设置内容和保存文件方式同试题(建筑类)-1。(20 分)

(2)将 A1j. dwg 文件中的 A3 图幅放大 100 倍,按图示的比例放大 100 倍后,在放大后的图框里抄画如图 7-72 所示的房屋建筑施工图,相关要求同试题(建筑类)-1,并以 A142. dwg 存盘。(60 分)

(3)在文件 A1j. dwg 的图框内抄画如图 7-73 所示图形,不注尺寸,以 A143. dwg 存盘。(10 分)

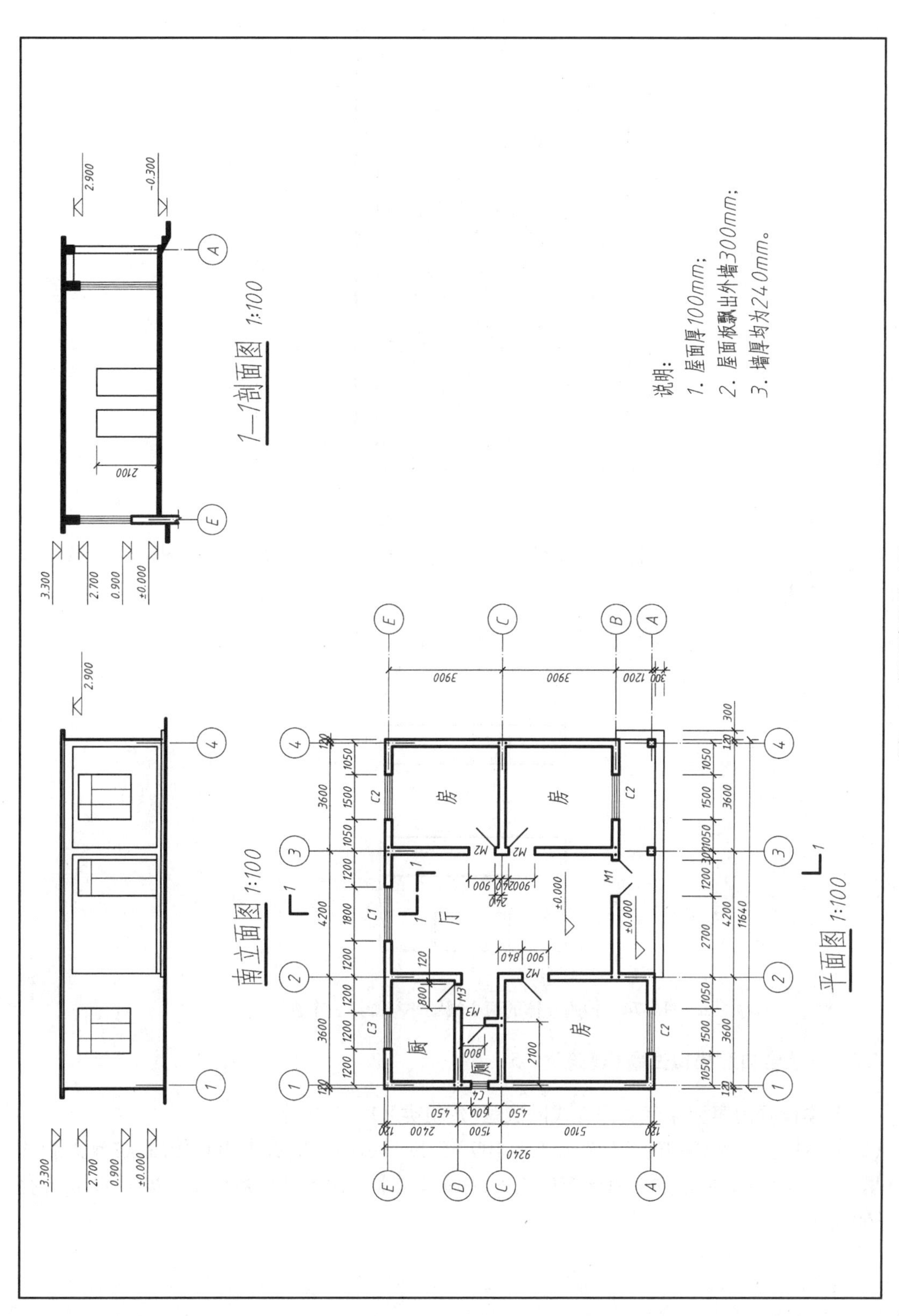

图7-72　抄画建筑施工图

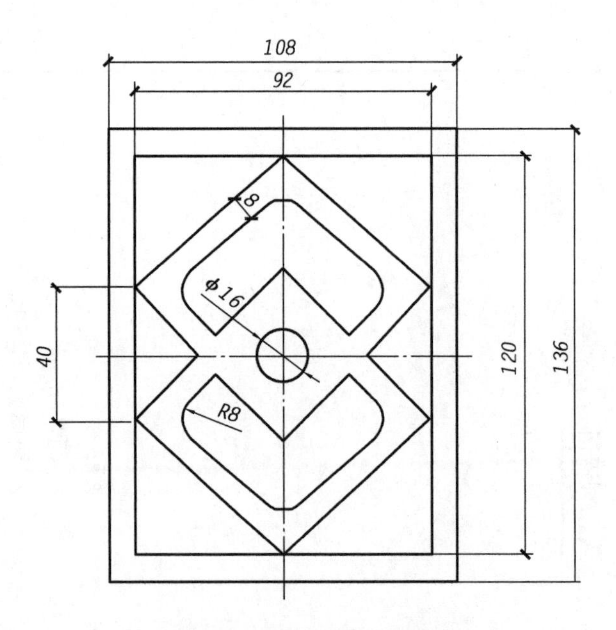

图 7-73　抄画平面几何图形

(4)在文件 A1j. dwg 的图框内抄画如图 7-74 所示图形并补画第三个视图,尺寸自定,以 A144. dwg 存盘。(10 分)

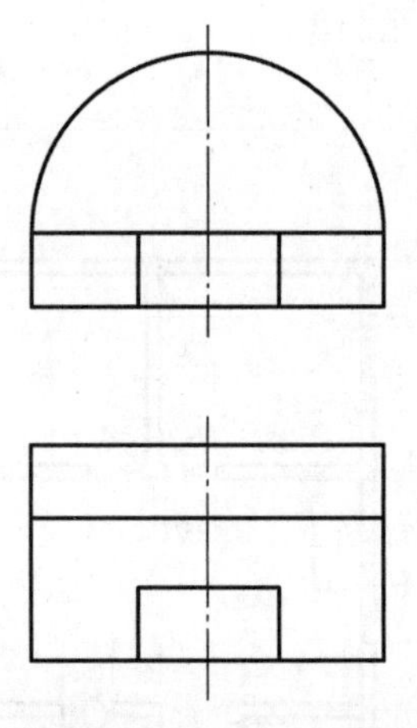

图 7-74　抄画立体的两个视图并补画第三个视图

7.2.5　综合自测模拟试题(建筑类)-5

(1)基本设置内容和保存文件方式同试题(建筑类)-1。(20 分)

(2)将 A1j. dwg 文件中的 A3 图幅放大 100 倍,按图示的比例放大 100 倍后,在放大后的图框里抄画如图 7-75 所示的房屋建筑施工图,相关要求同试题(建筑类)-1,并以 A152. dwg 存盘。(60 分)

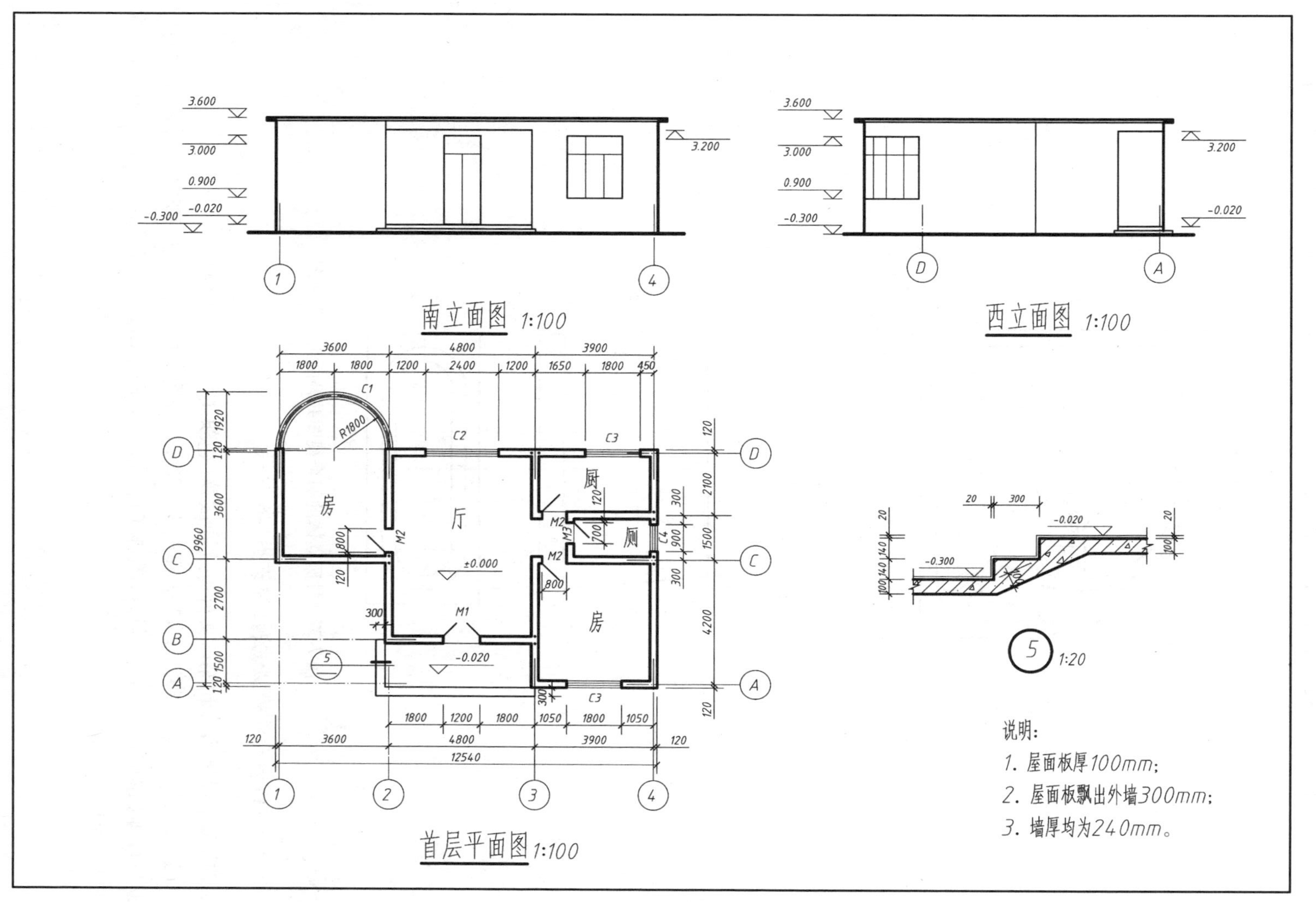

图7-75　抄画建筑施工图

(3)在文件 A1j. dwg 的图框内抄画如图 7-76 所示图形,不注尺寸,以 A153. dwg 存盘。(10 分)

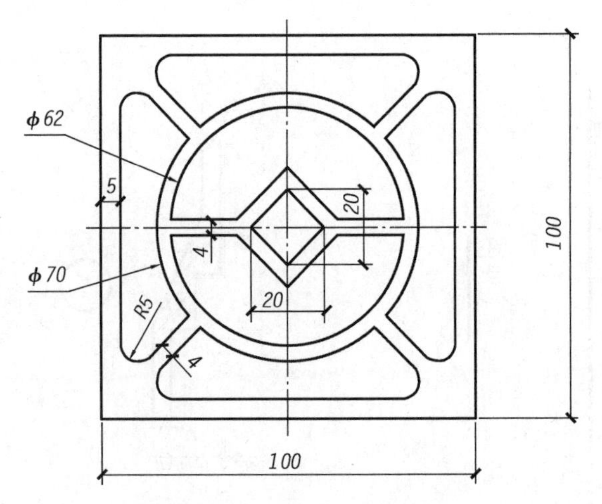

图 7-76 抄画平面几何图形

(4)在文件 A1j. dwg 的图框内抄画如图 7-77 所示图形并补画第三个视图,尺寸自定,以 A154. dwg 存盘。

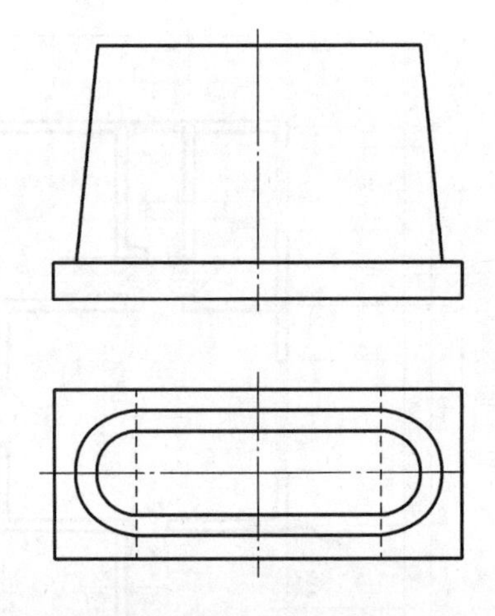

图 7-77 抄画立体的两个视图并补画第三个视图

7.2.6 综合自测模拟试题(建筑类)-6

(1)基本设置内容和保存文件方式同试题(建筑类)-1。(20 分)

(2)将 A1j. dwg 文件中的 A3 图幅放大 100 倍,按图示的比例放大 100 倍后,在放大后的图框里抄画如图 7-78 所示的房屋建筑施工图,相关要求同试题(建筑类)-1,并以 A162. dwg 存盘。(60 分)

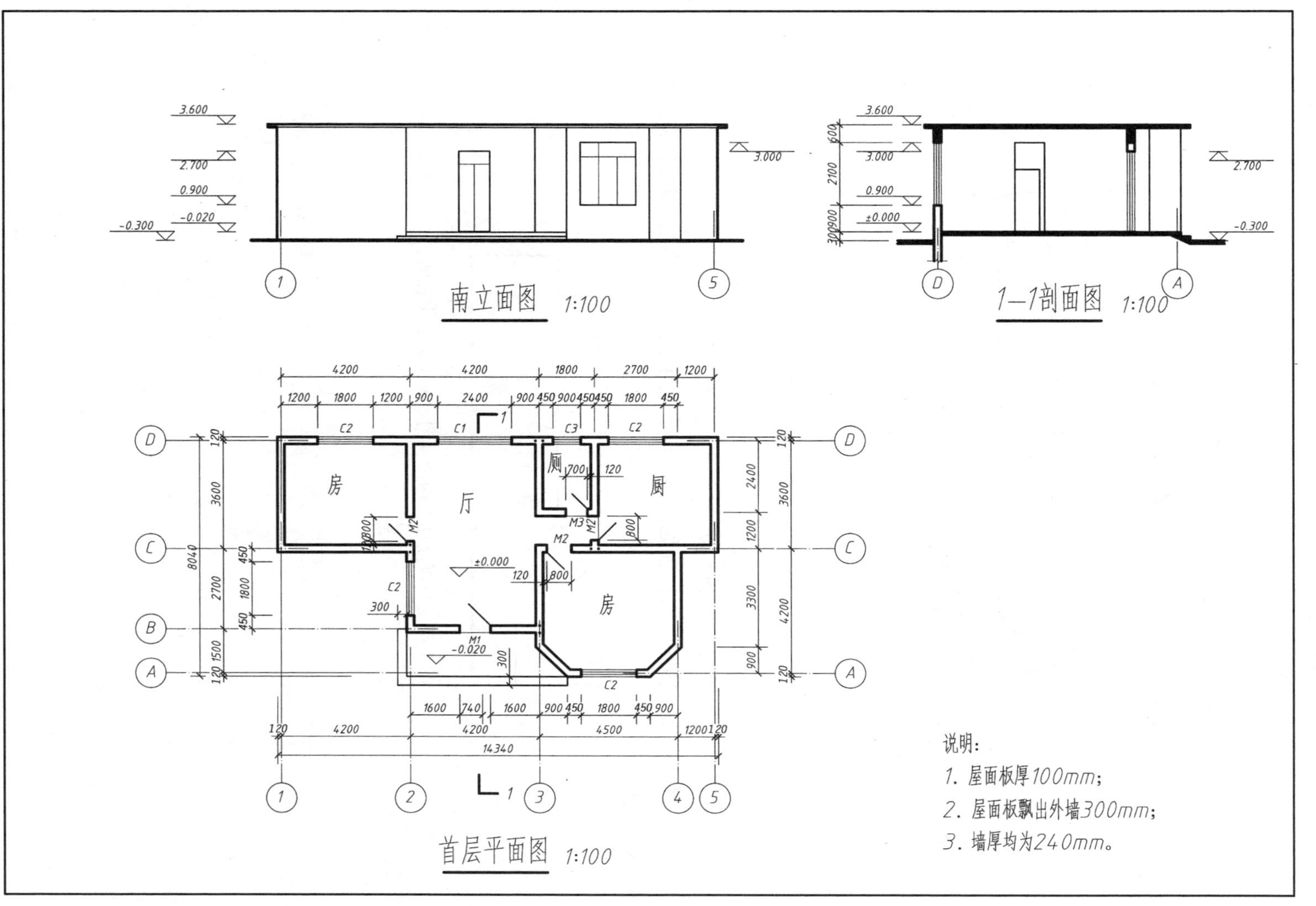

图7-78 抄画建筑施工图

(3)在文件 A1j. dwg 的图框内抄画如图 7-79 所示图形,不注尺寸,以 A163. dwg 存盘。(10 分)

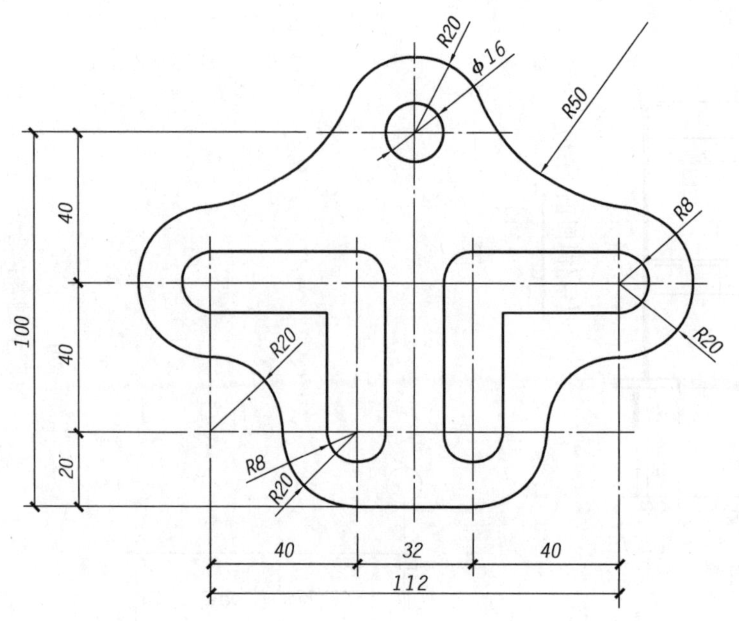

图 7-79 抄画平面几何图形

(4)在文件 A1j. dwg 的图框内抄画如图 7-80 所示图形并补画第三个视图,尺寸自定,以 A164. dwg 存盘。

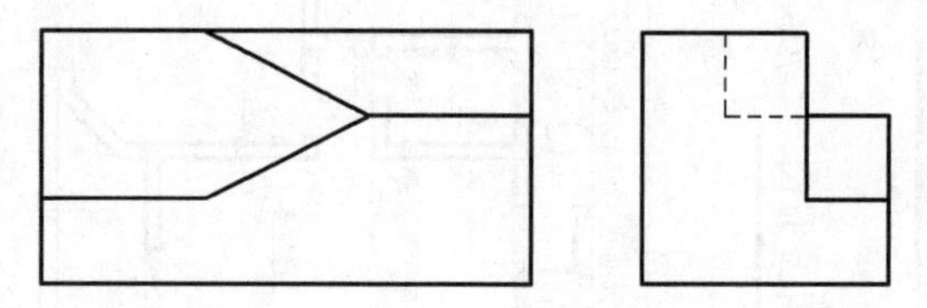

图 7-80 抄画立体的两个视图并补画第三个视图

第8章
AutoCAD 轴测图绘制

8.1　轴测图绘制设置

轴测图是工程图中的一种辅助图样,绘制出来的图形有较强的直观性和立体感。轴测图虽然有三维视觉效果,但不是三维立体图,它仍是按照平行投影原理绘制出的二维图形。轴测图的绘制一般要注意以下设置:

(1)单击“工具”下拉菜单—草图设置—捕捉与栅格—选择“等轴测捕捉”。

(2)在绘制轴测图过程中,一般情况下,正交模式应该打开。在轴测图环境中,偏移和镜像命令不宜使用。F5 功能键用来循环切换等轴测左面(*XZ* 面)、等轴测右面(*YZ*)和等轴测上面(*XY*)等三个绘图面。

(3)轴测图系统中的圆,必须通过椭圆工具来绘制。

8.2　轴测图绘制实例

例:绘制如图 8-1 所示的轴测图。

作图步骤如下:

(1)设置绘图环境:工具—草图设置—捕捉与栅格—选择“等轴测捕捉”,如图 8-2 所示。

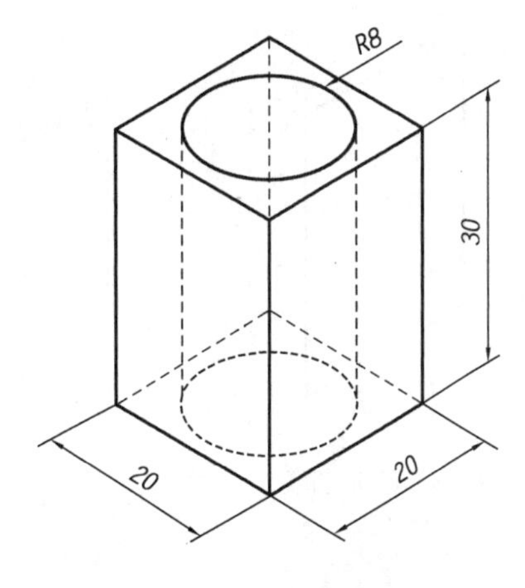

图 8-1　绘制轴测图

图 8-2　设置等轴测捕捉绘图环境

(2)打开正交方式,绘制如图 8-3 所示图线。

(3)为便于复制图 8-3 所示的图线,将作图面切换到 *XY* 面,打开极轴方式并设置成增量为 30 度捕捉,点击复制命令,位移 20,结果如图 8-4 所示。

(4)连接顶点,绘制好立方体,如图 8-5 所示。

(5)在立方体上表面绘制一条连接中点的辅助线。执行椭圆命令,出现“指定椭圆轴的端点或[圆弧(A)/中心点(C)/等轴测圆(I)]:”的提示,输入 I,回车,以辅助线的中点为圆心、以半径 8 绘制圆。若圆的状态如图 8-6 所示,可按 F5,此时椭圆出现在图 8-7 所示的顶面上,回车顶面椭圆绘制完毕。

(6)同样在底面绘制一个等轴测的椭圆,连接椭圆的象限点,如图 8-8 所示。

(7)把不可见的线段改为虚线或擦掉,以增强立体感,如图 8-9 所示。

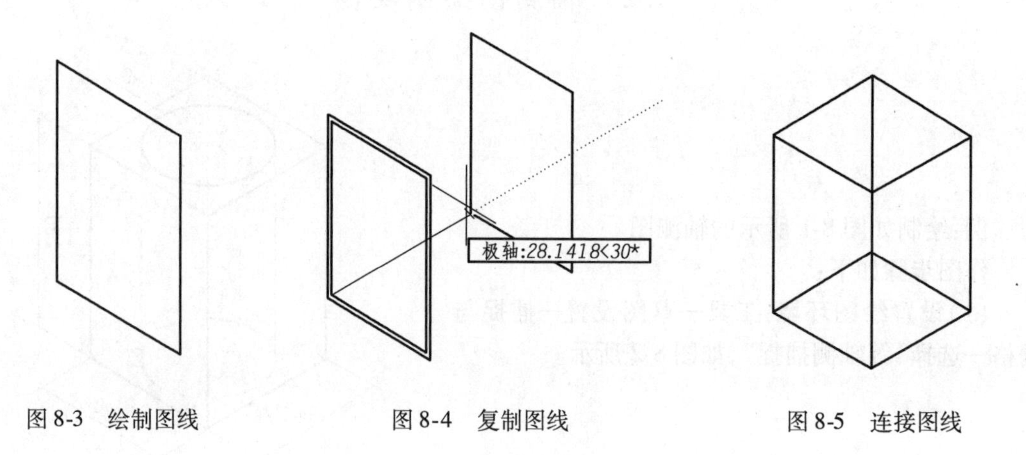

图 8-3　绘制图线　　图 8-4　复制图线　　图 8-5　连接图线

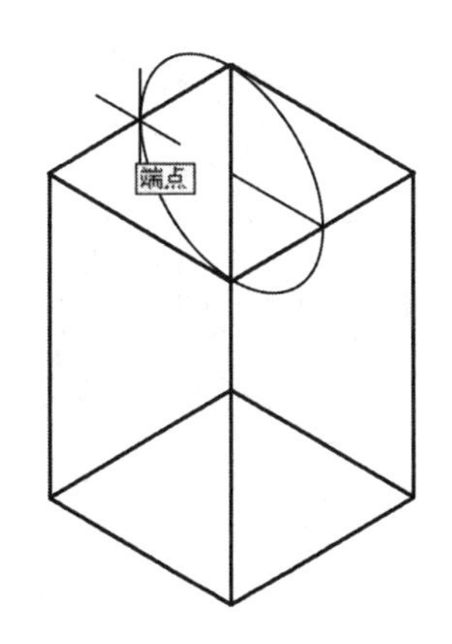

图 8-6　绘制左侧面的等轴测圆

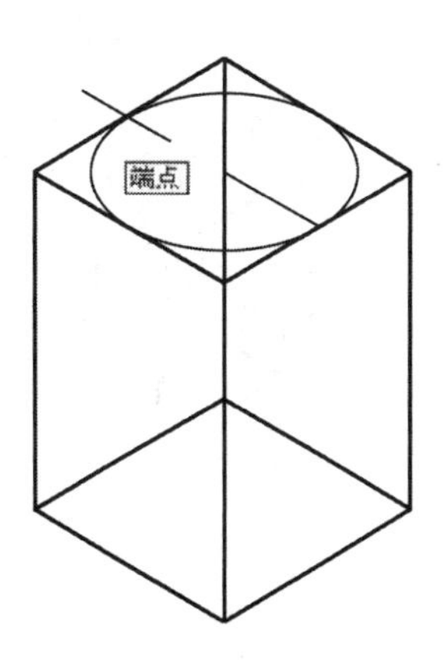

图 8-7　绘制顶面的等轴测圆

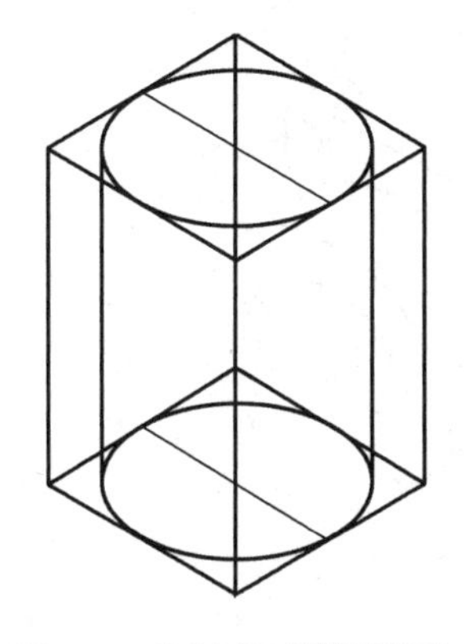

图 8-8　绘制底面等轴测圆

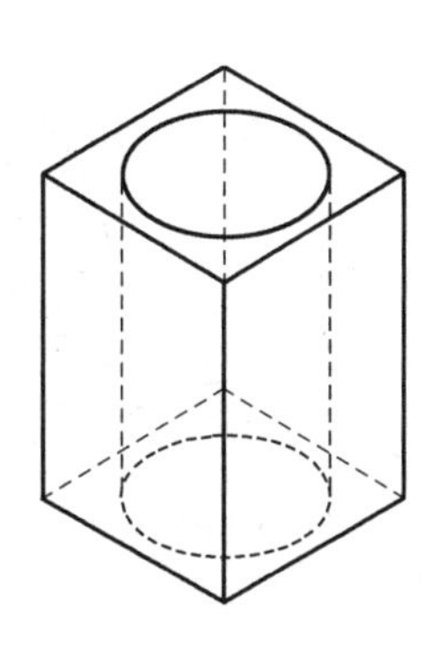

图 8-9　修改不可见线

8.3　轴测图绘制训练

(1)根据 8-10 所示的立体图,绘制对应的轴测图。

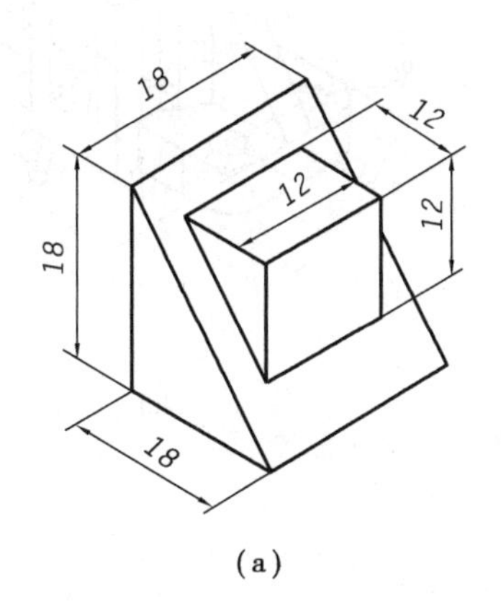

(a)

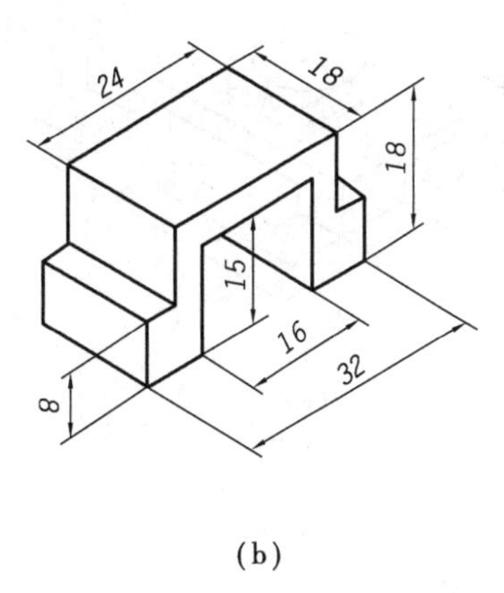

(b)

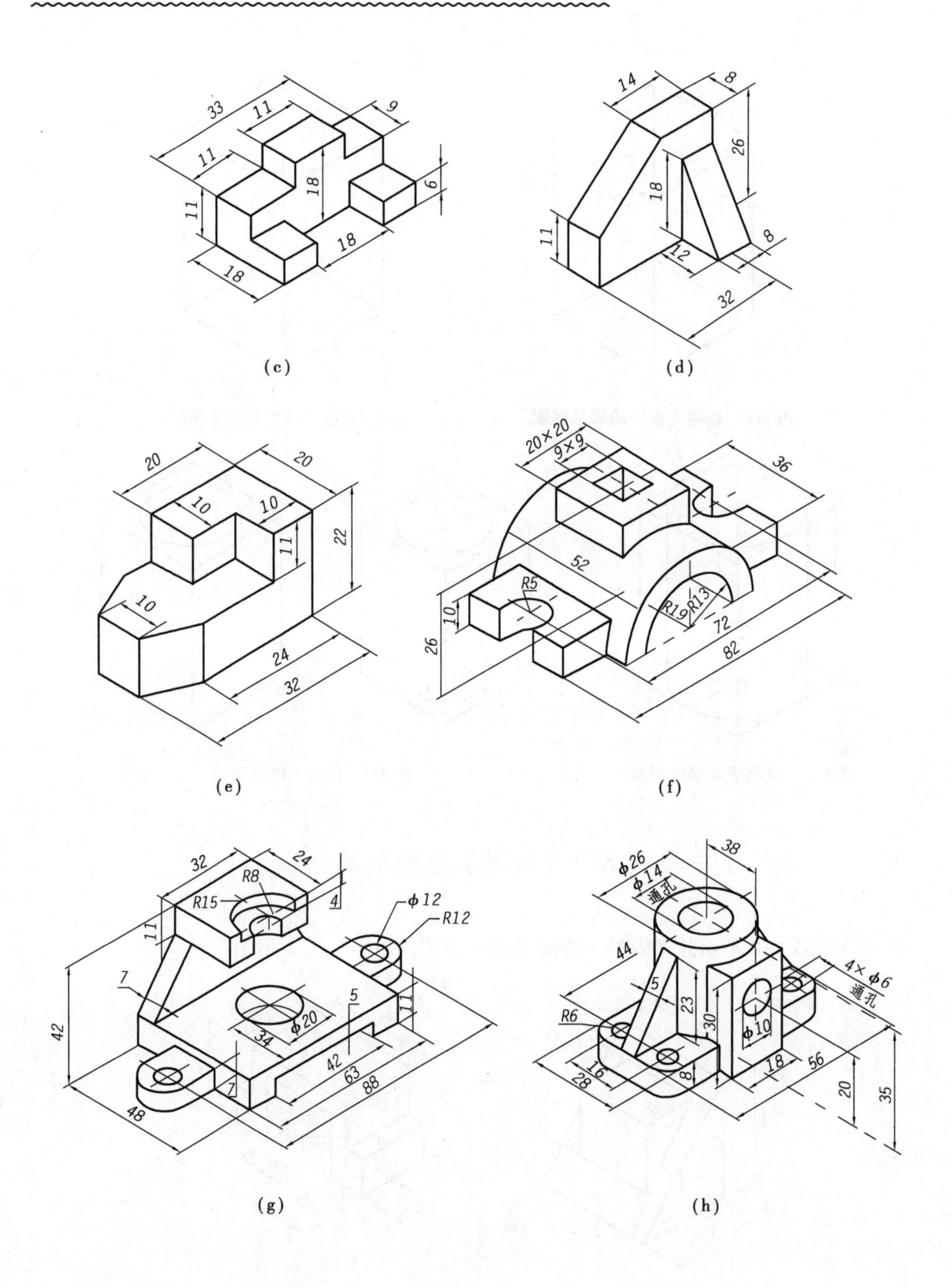
33
11
9
11
18
6
11
18
18
14
8
26
18
11
12
8
32
20
20
10
10
11
22
10
24
32
20×20
9×9
36
52
R5
10
26
R19
R13
72
82
32
24
R8
R15
4
ϕ12
R12
11
7
42
5
11
ϕ20
34
42
63
88
7
48
ϕ26
38
ϕ14
通孔
44
4×ϕ6
通孔
5
23
R6
30
ϕ10
16
28
8
18
56
20
35

(c) (d)

(e) (f)

(g) (h)

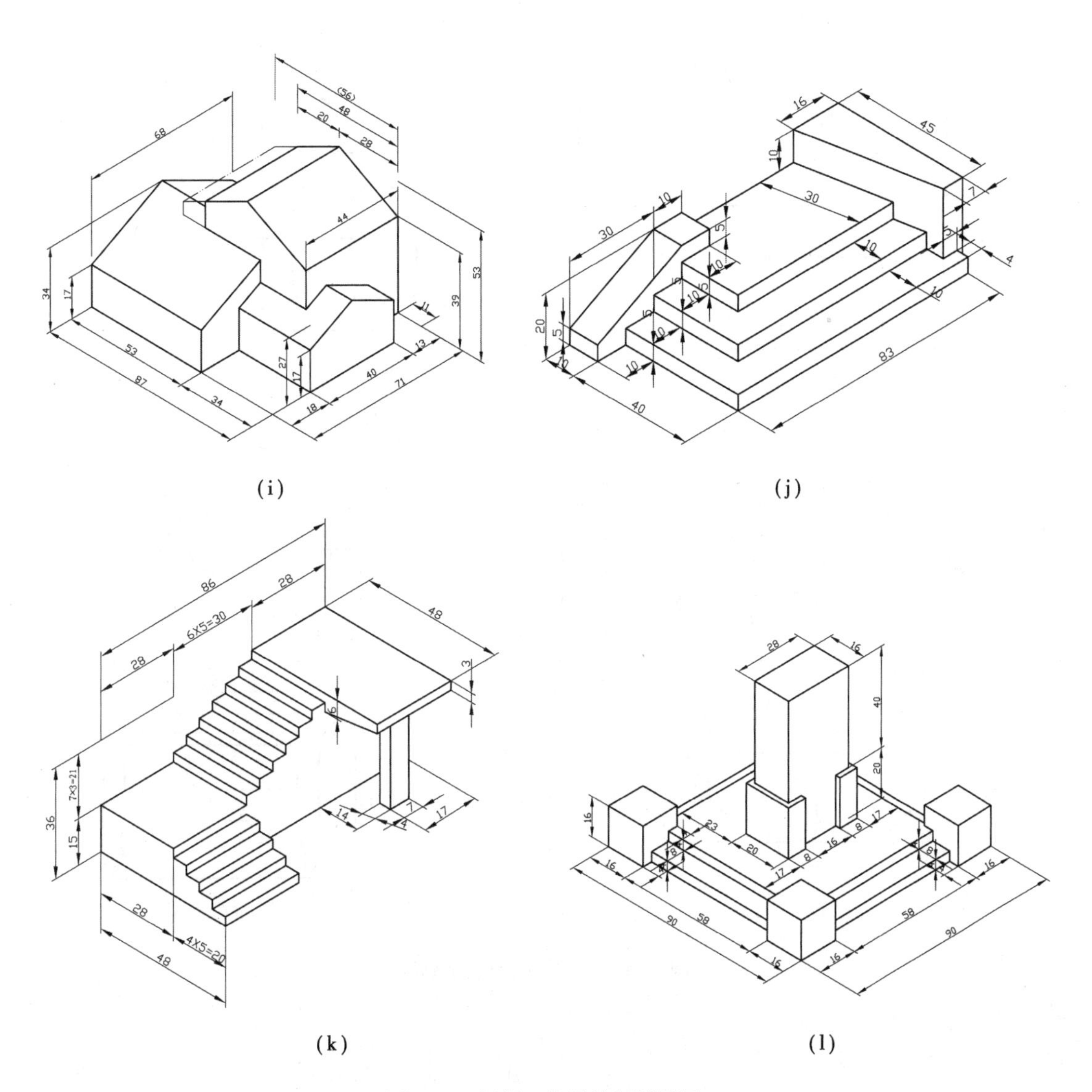

(i)　(j)

(k)　(l)

图 8-10　根据立体图绘制轴测图

(2)根据图 8-11 所示的三视图,绘制对应的轴测图。

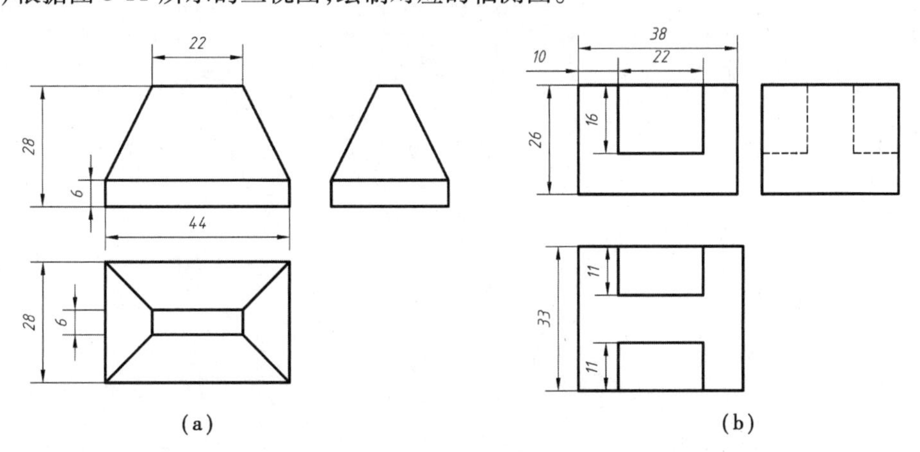

(a)　(b)

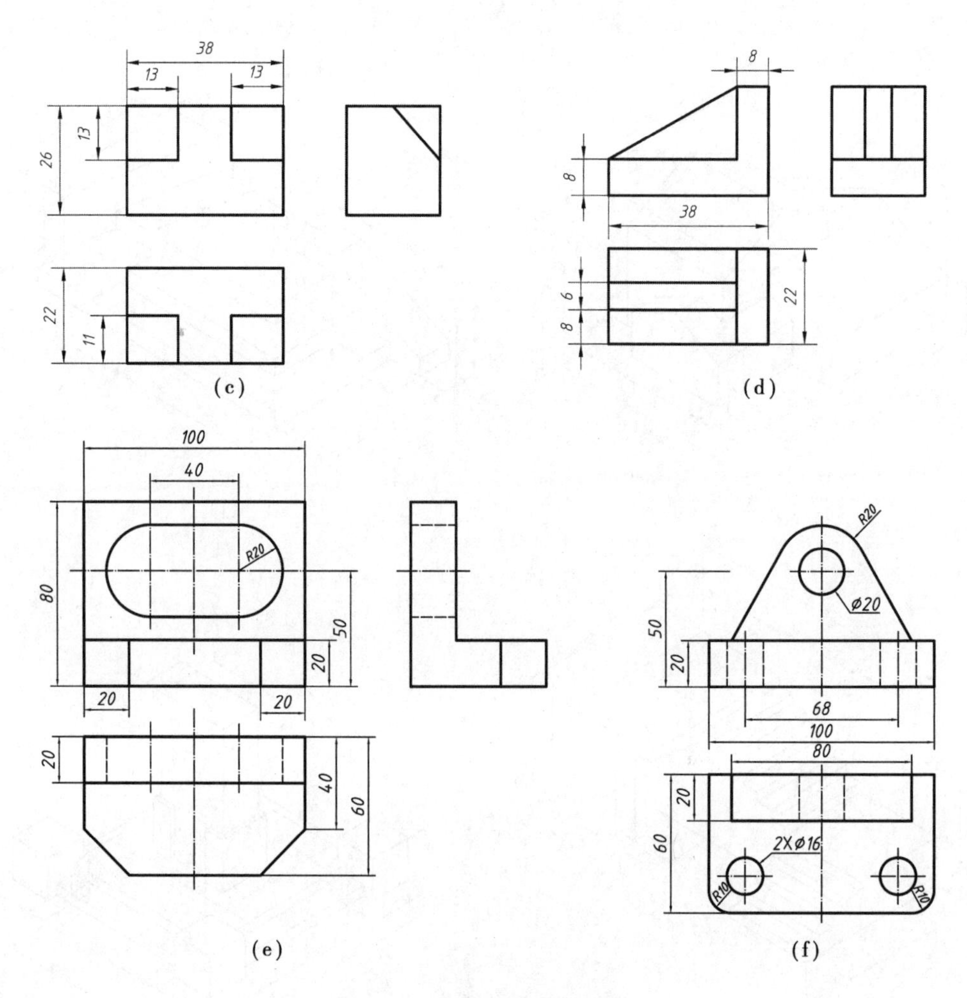

图 8-11 根据视图绘制轴测图

参考文献

[1] 管巧娟,江方记. AutoCAD 单项操作与综合实训[M]. 北京:机械工业出版社, 2015.
[2] 南山一樵工作室. AutoCAD 2018 中文版从入门到精通[M]. 北京:人民邮电出版社,2018.
[3] 王亮申,戚宁. 计算机绘图 AutoCAD 2018[M]. 北京:机械工业出版社,2018.
[4] 陈超,陈玲芳,姜姣兰. AutoCAD 2019 中文版从入门到精通[M]. 北京:人民邮电出版社,2019.
[5] 龚小兰. AutoCAD 建筑计算机绘图实例教程[M]. 北京:中国建材工业出版社,2004.